清華文史講座

科學史八講

席澤宗 著

序言

本書的作者席澤宗，早年在廣州中山大學，跟隨名師張雲學天文，畢業後在北京中國科學院的編譯局工作，不久就被派往哈爾濱俄語專科學校學習俄語。他一九五四年回到北京，被派到科學出版社任助理編輯。當時蘇聯著名天文學家史克洛夫斯基(Iosif S. Shklovsky)相信古籍所載的中國天文記錄有助於新星爆發的研究，同一年他寫信給中國科學院副院長竺可楨，建議中國學者從史籍中找尋有關新星的資料；接到這分差事的人就是席澤宗。他很快就交差，一九五四年和一九五五年先後在《天文學報》發表〈從中國歷史文獻的記錄來討論超新星的爆發與射電源的關係〉和〈古新星新表〉這兩篇報告，博得國際天文學界的好評，〈古新星新表〉也由美國史密松研究所譯成英文刊登在一九五八年 *Smithsonian Contributions to Astrophysics* 第二期上。

一九五八年我正在英國劍橋協助李約瑟博士編寫他的《中國的科技與文明》，工作之餘蒐集資料以備書寫一篇有關彗星和客星的報告，後來這篇報告就登在一九六二年的 *Vistas in Astronomy* 第五期上。所以我在一九五八年早已熟知席澤宗的著作了。一九六五年，席澤宗和薄樹人在《科學通訊》刊登一篇增訂新星表，把資料範圍擴展到日本和南北韓的史籍記載；除卻美國史密松研究所再把這篇文章譯成英文以外，美國太空總署也另外有一節譯本。可是譯者用兩種不同譯音方法，一位採用流行在歐美的韋氏方法，一位採用中國大陸的拼音法，許多不懂中文的天文學家都誤認爲他們看到的是由四位不同作者所寫的兩篇不同的文章，也有人懷疑其中一篇是抄襲的。當時我剛在美國耶魯大學任客座教授，不祇一次替美國的天文學家解開這箇謎，Tse-tzung Hsi和Zezong Xi原來是同一個人！

席澤宗的兩篇天文學史處女著作使他一舉成名，他的研究興趣也轉向科學史。他協助中國科學院籌備成立一箇專門研究科學史的單位，一九五七年該院設立一箇中國自然科學史研究室，聘任他爲助理研究員；一九七五年這箇機構發展成爲中國自然科學史研究所，直屬中國科學院。席澤宗歷任助理研究員、副研究員、研究員、組長、古代史研究室主任等，直至一九八三至一九八八年間任所長，一九八八年底榮休。退休後他接到美國加州聖地牙哥大學和澳洲墨爾本大學的邀請，先後往新大陸和南半球作些合作研究。歸途中他接受國立清華大學的邀請赴臺講學，這部書所載的就是他的講稿，一共有八講，在他的自序中已有介紹。從這部書我們可以看出作者在科學史上的學問廣博，不僅限於得以成名的天文學史。

席澤宗是第一位訪臺的大陸科學史學者，而且是最早享有國際聲譽的中國科學史專家。我在一九七八年十二月訪問北京的時候首次和他會面，我們一見如故；後來又在香港、北京、澳洲、美國多次相見。他來信託我替他這部書寫序，我立刻回說序我是寫定了；他近來眼疾就醫，希望他早日痊癒！

何丙郁　英國　劍橋李約瑟研究所

自序

今年春天我以「大陸傑出人士」身分應邀來臺訪問，帶來八篇講稿，先後在中央研究院、清華大學和臺北圓山天文臺做了五次演講，其餘三篇因時間關係未來得及安排。清華大學人文社會科學院院長李亦園先生和歷史研究所所長張永堂先生一致建議我，將這些講稿，無論講過的或未講過的，都整理成文，作爲「清華文史講座」叢刊之一，請聯經出版公司出版，以便能有更多的讀者閱讀。

這八篇講稿可以分爲上、下兩篇。上篇是科學史總論。第一講討論科學史的學科性質、研究方法以及它和一般歷史科學的互補關係。第二講回顧二十世紀以來國人研究科學史的情況，著重介紹四十年來大陸上（特別是中國科學院）的工作，並對未來應該開展的工作提出設想。第三講概要介紹先秦科學思想。春秋戰國是中國學術史上的黃金時代，影響二千多年來中國科學發展的一些基本哲學理論，如陰陽、五行、氣等，此一時期均已形成。因此這一講所討論的雖然只是一個時期的問題，但這些問題對中國科學的發展有全局影響。第四講以《論語》中所引孔子的言論爲根據，通過對孔子思想的系統分析，認爲孔子的言行對科學的發展並無妨礙作用，近代科學未能在中國產生和中國近代科學落後的原因要從當時的政治、經濟等方面找原因，不能歸罪於兩千多年前的孔子。

下篇集中講天文學史。第五講介紹天文學在中國傳統文化中所處的特殊地位以及它和其他文化領域的相互影響。第六講概要介紹古代中國的天文成就。第七講展望未來，對今後的研究工作提出設想。第八講從《莊子．天運》、《楚辭．天問》一直講到今日的大爆炸宇宙學，跳出中國範圍，從思想史的角度對世界天文學的發展給予概括，並得出幾點發人深思的結論。

書中的資料和觀點，不全有把握，歡迎讀者批評和指正。

這八篇講稿大部分起草於美國聖地牙哥加州大學，講演於臺灣清華大學等處，修改定稿於澳洲墨爾本大學。沒有這些大學的鼓勵和資助，我是難以完成這一任務的。這使我想起科學史這門學科的奠基者沙頓（G. Sarton, 1884-1956）關於科學史研究的「四項基本思想」（Four fundamental ideas）的論述①。四項基本思想的第一條是統一性（Unity）。他認爲自然界是統一的，知識是統一的，人類是統一的。不同種族、不同國籍、不同信仰、不同語言的人，在研究自然現象時所得到的認識的一致性，說明自然界是統一的、知識是統一的。這些人的研究雖然沒有組織、沒有計畫、沒有協調，他們在不同的地點或先或後地進行，但總目標的一致性，說明人類的統一性具有根本的實在性，是任何戰爭所不能消除的。

由於戰爭關係，海峽兩岸人民斷絕往來三十多年。一九八一年，當我在日本訪問時，忽然間看到了臺灣出版的許多科學史書刊，而其論點和我們有驚人的一致性。我遂以十分興奮的心情，寫了一篇〈臺灣省的我國科技史研究〉②，並於文末表示希望海

---

①D. Stimson ed., *Sarton on the History of Science*, pp. 15-22, Harvard University Press, 1962. 劉兵等中譯：《科學的歷史研究》，頁一—九，北京科學出版社，一九九〇年。

②原文刊於北京《中國科技史料》一九八二年二期，頁九八—一〇一。

峽兩岸的科學史工作者能夠互相訪問，進行直接交流。而今不到十年，這一願望已經實現。祖國的統一、人類的統一，是大勢所趨，人心所向、勢不可擋。

最後，我想藉此機會對何丙郁先生在百忙中欣然爲本書作序表示衷心的感謝。新竹清華大學黃一農教授在本書的編寫過程中給我的幫助特大，好幾個演講的題目都是他出的，脱稿後他又花費很多時間進行修改和潤色，在此也一併對他表示感謝。

一九九〇年九月十四日序於墨爾本大學丹青軒

目　次

序　言…………何丙郁(一)
自　序…………(五)
上篇　科學史總論
第一講　科學史和歷史科學…………七
第二講　中國科技史研究的回顧與前瞻…………三
第三講　先秦科學思想鳥瞰…………咒
第四講　孔子與科學…………八三

下篇　天文學史

第五講　天文學在中國傳統文化中的地位……一〇五
第六講　中國古代天文成就……一三三
第七講　中國天文學史的新探索……一五三
第八講　天文學思想史……一六三

上篇　科學史總論

第一講　科學史和歷史科學

美國著名的科學史家，風行一時的《科學革命的結構》一書的作者庫恩（Thomas S. Kuhn）於一九七一年以同樣的題目曾經發表過一篇文章。他在文章一開頭就說：

儘管歷史學家一般地口頭上都承認，在過去四百年中，科學在西方文化的發展中起了重要作用；但是對於多數歷史學家來說，科學史仍然是他們學科之外的領域。在許多場合，也許在大多數情況下，這種把科學史拒於門外的做法，看不出明顯的害處，因為科學的發展對於西方近代史的許多主要問題似乎沒有多大關係。但是一個歷史學家，

如果要深入考察歷史發展的社會經濟背景，或者要討論價值觀念、人生態度和思想意識變遷的話，那他就必須涉及到科學史①。

接著他又舉出他在兩個大學歷史系開設科學史課程，歷史系學生反而選課的人很少，說明這種分離現象的嚴重性。他從一九五六年起開課，在十四年中只有五個歷史系的學生聽課。在聽課的學生中，來自歷史系的只占二十分之一；大部分學生是從理學院和工學院來的，其餘是從哲學系和社會科學各系來的，甚至從文學系來的都比歷史系來的多。起初，他以為這種情況可能是由於他本人是學物理的，沒有受過歷史科學的訓練，教的不好而造成的。後來打聽到，受過歷史科學訓練的人開科學史，也同樣不受歷史系學生的歡迎。還有，開課的題目也沒有關係。開「法國大革命時期的科學」或「科學革命」，也和開「近代物理學史」一樣不吸引人，也許「科學」一詞就把歷史系的學生嚇跑了。他又做了一個調查，說美國科學史

①**Thomas S. Kuhn,** ***The Essential Tension*****, p.128, The University of Chicago Press, 1977.**
范岱年中譯：《必要的張力》，頁一二八，福建人民出版社，一九八一年。

家雖然大多數歸屬在歷史系中，但這種歸屬往往不是歷史系的自願，而是來自外界的壓力。科學家和哲學家向學校當局建議增設科學史教席時，學校把這個位置放到了歷史系。

科學史的性質

庫恩所談美國的情況，也很符合中國。今年（一九九〇年）劉廣定教授和韓復智教授在臺灣大學歷史系開課「中國科技史」，聽課的二十六人中，有六個是歷史系的，只占五分之一多一點。我在一九五四年決定由天文學專業轉行做科學史時，徵求兩位歷史學家的意見，他們都反對。後來到了歷史研究所以後，該所許多同事們都感到驚訝，常問「你們這些學自然科學的人，為什麼跑到我們這裡來了？」好像專業不對口，走錯了門。對於要在歷史學科內建立科學史這樣一個分支，不但群眾不理解，有些領導人也不理解。北京中國科學院於一九五四年決定發展科學史這門學科，先成立了一個中國自然科學史研究委員會，由十七位專家組成，是一個空架子；實體則是在歷史研究所成立科學史組，招收專職的專業人員，從事這項工作，我是最早到這個組工作的人員之一。這個組從一開始，就被歷史所的許多人認為是他們代管的機構，而不是他們的本體。到了一九五七年這個組終於脫離歷史所而成為獨立的中國自然科學史研究室，但仍屬哲學社會科學部領導。哲學社會科學部的領導人又認為自然科學史是自然科學，不應屬於他們管轄，一直到一九六六年「文化大革命」開始之前，他們始終想把這個研究室推出來。一九七七年哲學社會科學部獨立為中國社會科學院，自然科學史所劃回中國科學院，至此在大陸上正式把科學史歸屬在自然科學範圍以內。但是，我認為，一門學科在行政管理上歸哪個部門和它在性質上屬於什麼，這二者可以一致，也可以不一致，只要對學科發展有利就行。關於這個問題，香港大學前任校長黃麗松於一九八三年十二月在第二屆國際中國科學史討論會上致開幕詞時說過一段話，可以參考。他說：

在這個會上，我不必討論什麼是科技史，大家都知道，科學技術史便是自然科學和應用科學的歷史。我只談談科技史到底是一門自然科學還是一門歷史科學。我們今天會中有好幾位中國科學院自然科學史研究所的代表出席。這個所在一九七七年中國社會科學院從中國科學院分出來以前，是屬於社會科學學部的，更早一點，是隸屬於社會科學學部下面的歷史研究所。所以這裡便有一個「這門學科到底是歷史科學或是自然科學」的問題。我們的李約瑟教授青年時是生物化學家，曾被推選為英國皇家學會會員。中年時改搞中國科技史，後來被推選為英國學術院院士。英國從前最高學術機構是皇家學會，後來到了一九〇二年社會科學和人文科學才由皇家學會分出來，獨立成一個英國學術院，有點像中國社會科學院由中國科學院分出來一樣。現今英國的學者兼有這兩個最高學術機構學銜的，聽說只有李約瑟教授一人。這件事表示科技史還是應該算做社會科學中的歷史科學，而不是自然科學。科學史家要有專業性的自然科學的訓練，但是他研究的對象不是自然現象，而是作為社會成員的人類對於自然的認識的發展過程和人類關於這方面知識的積累過程②。

在這裡，黃麗松是就研究對象來進行分類的。如按研究方法來分，科學史也屬歷史科學，它以搜集、閱讀和分析文獻為主，而不像自然科學那樣，以觀察和實驗為主。科學史有時也要進行一些觀察和實驗，但那為的是驗證和分析文獻的記載，屬於輔助性的。當然，歷史科

②轉引自何丙郁：《我與李約瑟》，頁一四五—一四六，三聯書店香港分店，一九八五年。

學和自然科學也有它的共性，都要力求公正、客觀，實事求是，偽造證據和藝術性的誇張都不允許。

科學史和歷史科學分離的原因

科學史既然是一門歷史科學，為什麼許多歷史學家又把它拒之於門外呢？這有多種原因。第一，研究對象不同。作為一門社會科學，歷史學家首先注意的是人與人之間的關係。在階級社會出現以後，人與人之間的關係首先表現為階級關係。政治是階級鬥爭的技術，戰爭是階級鬥爭的最高形式。因而過去所謂的歷史，實質上就是政治史和戰爭史，在政治上占統治地位和在戰爭中耀武揚威的帝王將相是歷史的主角。從十八世紀法國啟蒙大師孟德斯鳩（**Montesquieu**）和伏爾泰（**Voltaire**）等開始，歷史才向文學、藝術、宗教、經濟等領域延伸。本世紀起，歷史開始注意人民大眾的作用。一九二一年美國哥倫比亞大學教授羅賓遜（**J. H. Robinson**）在他「西歐知識分子史」講座的基礎上，出版*Mind in the Making*一書，宣布他的新歷史觀，認為歷史學應該跳出只談戰爭、政治和帝王將相的範圍，把文化和思想的發展包括進去。科學史就是在這種新歷史觀的影響下發展起來的，而它的研究對象則是一個更新的範圍：人與自然的關係，人類認識自然、適應自然、利用自然和改造自然的歷史。

第二，閱讀書籍不同。因為研究對象不同，科學史家和歷史學家所閱讀的原始材料也就有很大程度的不同。科學史家所需要讀的一些科學著作，往往專業語言很強，大多數歷史學家很難看懂。不要說屬於近代科學的牛頓（**Newton**）、歐拉（**Eular**）、拉格朗日（**Lagrange**）、馬克思威爾（**Maxwell**）、波爾茲曼（**Bolzmann**）、愛因斯坦（**Einstein**）和蒲郎克（**Panck**）的著作，歷史學家看不懂；就是中國二十四史中的〈天文志〉和〈律歷志〉，許多歷史學家也是望而生畏。有一次，我和一位學歷史的朋友聊天，他問我看什麼書，我說：「看《周禮》中的〈考工記〉，二十四史中的〈天文〉、〈律曆〉諸志，《墨子》中的〈經上〉、〈經下〉、〈經說上〉、〈經說下〉等。」他說：「我懂了，你看的我不看，我看的你不看，咱們隔行如隔山。」

第三，不但科學史家所讀的這些原始著作，歷史學家不感興趣，就是科學史家所寫的著作，也往往是資料堆積，令人讀起來乏味，像沙頓（**G. Sarton**）三卷五冊的*Introduction to the History of Science*，李儼五卷本的《中算史論叢》，恐怕不是專門研究的人很少有人去閱讀。

還有，在科學史專業隊伍沒有形成以前，許多科學史的著作往往是高等學校教學的副產品。一些教自然科學的教師，為了吸引學生對本門科學的興趣，在講課時引述本門學科發展的一些歷史材料，然後把它整理成一本書。這樣形成的科學史著作，主要是談本門學科的邏輯發展，專業性很強，不研究本門學科的學者很少有人去讀。

第四，出身不同。一個人對某一方面的興趣和才能是先天就有，還是後天環境培養形成，這個問題我們暫且不管；但現在的文、理兩課，有的學校在高中就開始分家，無疑是造成斯諾（C. P. Snow）所謂「兩種文化」（傳統的文學文化和新興的科學文化）[③]相互分離的原因之一。進歷史系的學生，在進歷史系之前，就認為他們學的是文科，對自然科學不再注意；而進入科學史專業的人，在大學絕大部分讀的是自然科學，只是到了研究生階段才讀科學史，他們往往認為自己學的是科學史，不是歷史；天文學史與天文學，物理學史與物理學，比與歷史學有更多的共同語言。

---

③Chales P. Snow, *The Two Cultures and the Scientific Revolution*, Cambridge University Press, 1959.

科學史的縱深發展

以上是就科學史和歷史科學的分離情況和分離原因所進行的一般分析。但是任何情況都會有所例外。中國是有歷史學傳統的國家，而中國從司馬遷寫《史記》開始，就把「天文」、「律曆」等這些屬於自然科學的內容當作它的組成部分。在這一優良傳統的影響下，老一輩的一些歷史學家就很注意自然科學史，例如董作賓的《殷曆譜》、夏鼐的《考古學和科技史》，都是很有影響的著作。錢寶琮的《中國算學史》（上冊）是由中央研究院歷史語言研究所出版的。王振鐸關於中國磁學史的研究，也是史語所在四川李莊時期進行的。所以說，史語所和中國科學史的發展有著密切關係，希望今後能做出更多的成績。

在世界範圍內，從本世紀三十年代開始，科學史出現了一個新的研究方向，即所謂外史（External history）或外部研究（External approach）。傳統的科學史，即所謂內史（Internal history）或內部研究（Internal approach），是把科學當作一種知識，研究它的積累過程，特別是正確知識（Positive knowledge）取代錯誤和迷信的過程，很少注意它和外部社會現象的聯繫。例如，研究牛頓萬有引力定律的產生，只注意它和伽利略的慣性定律，以及刻卜勒行星運動三定律之間的繼承關係。外史則把科學家的活動當作一種社會事業，研究它的發展和其他社會現象（如政治、經濟、宗教、文化等）之間的相互關係。這方面最早的一篇文章發表於一九三一年。這一年國際科學史聯合會在倫敦召開第二次大會（第一次於一九二九年，在巴黎），蘇聯科學家赫森（**B. Hessen**）在會上提出的論文是：〈「牛頓原理」的社會經濟基礎〉④。他認為，牛頓力學定律的產生是英國當時戰爭、貿易、運輸等方面的需要所推動的結果。這篇文章轟動一時，儘管對他文章的內容有所爭論，但沿著這個方向做工作的人劇增，一九三六年在英國即有《科學與社會》（*Science and Society*）雜誌開始發行。到三十年代末，有兩本重要著作出版：一是英國貝爾納（**John D. Bernal**）的《科學的社會功能》（*The Social Function of Science,*1939）；一是美國默東（**Robert K. Merton**）的《十七世紀英國的科學、技術和社會》（*Science, Technology and Society in Seventeenth Century*

---

④此文見N. I. Bukhavin et al., *Science at the Cross Road*, pp.147-212, London: 1931, lst edition; 1971, 2nd edition with a new Forward by Joseph Needham and a new Introduction by P. G. Werskey.

England, 1938）。其後，隨著科學技術的突飛猛晉，科學在社會生活中所占的地位越來越重要，科學史的研究也越來越趨向於外史；而今，在美國，研究外史的人已經多於研究內史的人。在中國，近十年來由自然辯證法專業轉到科學史方面來的人多偏重於外史，北京《自然辯證法通訊》所刊科學史文章也以外史為主，臺灣清華大學歷史研究所的科學史研究也以外史為主。內史和外史的相互配合，共同發展，將會把科學史的研究推到更高的一個層次，同時還會對科學哲學、科學社會學、科學史學等產生深遠的影響。

科學史和歷史科學的互補關係

在這裡，需要特別提出的是，科學史的外史趨向有利於科學史和歷史科學的結合。首先，外史的研究不需要太多的科學專門知識，這有利於歷史學科出身的人參加工作。其次，研究科學發展的政治、經濟、文化、社會背景，科學史家必須依靠歷史學家的合作。自然科學要和社會科學建立聯盟，研究科學史是一個渠道。要消除斯諾所說兩種文化之間的隔閡，學習科學史是一種辦法。

科學史研究需要歷史學家們的合作，這是很顯然的。中國科學院自然科學史委員會成立之初，就包括了侯外廬、向達等幾位歷史學家，這個人事上的安排即是明證。但是，另一方面，歷史學家也有賴於科學史的工作。第一，能夠製造工具，是人區別於動物的重要標誌；生產工具的進步是歷史發展的重要標誌，所謂舊石器時代、新石器時代、青銅時代、鐵器時代、蒸汽機時代等，就是按生產工具來分的；而生產工具的製造則有賴於科學技術的進步。因此，深入研究科學、技術和生產這三者之間的相互關係，對於全面地瞭解社會發展史是非常必要的。這三者之間的關係非常複雜，在不同的時代、不同的國家或地區都有所不同，只有歷史學家和科學史家合作，具體情況具體分析，才能給出準確的答案。

第二，科學不但作為一種物質文明影響著生產力的發展，它還作為一種精神文明影響著人們思想意識的發展。哥白尼的日心地動說，達爾文的進化論，作為一個歷史學家如果對這些自然科學理論視而不見，聽而不聞，那他很難對歷史作出公正而全面的論述。因此，歷史學家不但要從生產力的角度，還要從意識形態的角度注視科學史的研究成果。

第三，考古學的新發現，可以豐富科學史研究的內容，這是大家有目共睹。李約瑟在他的鉅著《中國科學技術史》（又名《中國的科學與文明》）第一卷第一章〈序言〉中說研究中國科學史必須具備六個條件：㈠必須有一定的科學素養；㈡必須很熟悉歐洲科學發展的社會背景和經濟背景有所瞭解；㈣必須親身體驗過中國人民的生活；㈤必須懂中文；㈥必須獲得中國科學家和學者們的廣泛支持。接著，他帶著當仁不讓的口氣說：「所有這些難得的綜合條件，恰巧我都具備了。」他確實都具備了，竺可楨先生一次送他的禮物《古今圖書集成》，就是一萬卷。但是，光讀萬卷書還是不夠，這三十多年來，他每次來中國，都要到考古研究所，到許多省市，去看考古新發掘，所以後來有一次，他對夏鼐說，應該補充第七個條件：必須對於中國考古學有所瞭解。夏鼐編他的論文集《考古學和科技史》，在〈編後記〉中說：「第一篇〈考古學和科技史〉可算是全書的〈代序〉。這篇內容，在表面上是介紹自一九六六年以來我國有關科技史的考古新發現，實際上是想說明考古資料對於科技史研究工作的重要性，同時也是告訴考古工作的同行們，應該設法取得科技工作者的協助，以解決考古學上的問題，有些同時也是科技史上的重要問題。」⑤關於湖南長沙馬王堆漢墓出土文物和湖北隋縣曾侯乙墓出土文物等的綜合研究，都是考古學家和科學史家合作的

⑤夏鼐：《考古學和科技史》，頁一三五。北京：科學出版社，一九七九年。

重要成果。河南省考古工作者帶頭籌備成立省科學技術史學會不是偶然的。

第四，按照傳統的說法，歷史學家要掌握四項基本知識，即：職官、年代、版本、目錄。其中年代學即和天文學史發生密切關係，尤其上古史的研究，更是離不開天文學方法。前巴比倫王朝開始於何時？庫格勒（F. X. Kugler,1862-1929年）根據泥磚上一段關於金星的紀錄，斷定前巴比倫王朝開始於西元前二二二五年，漢謨拉比（Hammurabi）在位時間是西元前二一二三年至二〇八一年之間；但最近的研究，有人認為庫格勒的計算可能是錯誤的，整個時代要晚約四百年：前巴比倫王朝在西元前一八九四—一五九五年之間，漢謨拉比在位時間是西元前一七九二—一七五〇年之間。這樣一來，也就和中國的夏朝相當了。中國的《書經・胤征》篇有「乃季秋月朔，辰弗集於房」的記載，一般史學家認為這是發生在夏朝仲康時期的一次日蝕，但具體是何年，歷來有所爭論，最近美國彭瓞鈞考慮到地球自轉的不均勻性，利用電子計算機算出這次日蝕發生在西元前一八七六年十月十六日，當時的地球自轉週期比現在短千分之六十秒。武王伐紂發生在那一年，也是一個懸而未決的問題，有人主張發生在西元前一一二二年，有人主張發生在西元前一〇二七年，上下相差達九十五年。一九七八年張鈺哲把《淮南子・兵略訓》中武王伐紂時有彗星出現的一段話，當作是哈雷彗星出現的記載，從而由哈雷彗星的軌道元素回推得武王伐紂為西元前一〇五七年。但是，這個記載的可靠性是有問題的，從武王伐紂到編寫《淮南子》已過了八、九百年。就算這段記載是可靠的，也不一定指的是哈雷彗星，因為還有其他週期彗星或非週期彗星，也相當亮。最近黃一農將有一篇重要文章〈中國古史中的「五星聚舍」天象〉⑥，對近幾年來美國班克奈（**D. W. Pankenier**）等人利用天象紀錄對武王伐紂、夏桀以至夏禹等年代所作的斷定進行質疑，歷史學家們應該關心這方面的進展。

簡短的結論

由以上的討論可以看出，科學史是一門歷史科學，但是是一門具有特殊研究對象的歷史科學。它的研究者除了要接受歷史學的訓練外，還必須有自然科學的素養。它的內容基本上可以分為兩大方面：㈠研究科學發展本身的邏輯規律；㈡研究科學發展和各種社會現象（政治、

---

⑥見*Early China*, Vol.15（1990）, pp.97-112。

經濟、宗教和文化等）之間的互動關係。這些研究對進行科學研究、制定科技政策、搞好科技管理、進行科學教育都有參考價值；對在更深的層次上認識人類社會的歷史也是必要的。因此我們希望歷史學家熱情幫助科學史家，和科學史家密切合作，努力發展這一學科。當然，對於中國科學史來說，我們還有一個繼承遺產和總結經驗的問題，更應該受到重視。

第二講　中國科技史研究的回顧與前瞻

總的回顧

科學技術史是一門歷史科學，但它又不同於一般的歷史科學。它研究的對象不是社會發展的歷史，而是人們認識自然、適應自然、利用自然和改造自然的歷史。就世界範圍來看，十八世紀中葉法國啟蒙思想家們高度評價科學的作用，認為科學是社會進步的源泉和標誌。這種科學觀推動了科學史的研究；但長期以來，只有少數國家的極少數人在斷斷續續地從事這方面的工作。本世紀初國際科學史雜誌 ***Isis*** 的創刊（一九一三年）和其後國際科學史組織的成立（一九二八年），標識著這門學的逐漸成熟。第二次世界大戰以後，五十年代起發展很快。目前，全世界培養科學史研究生的機構已有二百多所，出版刊物約一百種，它的重要性已逐漸得到社會的承認。

中國歷史悠久，在豐富的文化典籍中有很多科學史的資料，但用近代科學的觀點和方法加以搜集、整理和研究，則在本世紀初才開始，到四十年代末為止，從事過這項工作的約五十餘人，其中較著名的有竺可楨、李儼、錢寶琮、朱文鑫、高平子、葉企孫、錢臨照、王璡、張子高、袁翰青、丁緒賢、李喬苹、王庸、章鴻釗、劉仙洲、梁思成、王振鐸、張蔭麟、李濤和陳邦賢等。這一時期較重要的著作有李儼的《中算史論叢》五大卷、錢寶琮的《中國算學史》（上冊）、朱文鑫的《天文考古錄》和《曆法通志》、李喬苹的《中國化學史》、王庸的《中國地理學史》、章鴻釗的《古礦錄》；而王振鐸關於指南車、記里鼓車、司南和候風地動儀的復原，則將這一時期的中國科技史研究推向了最高峰，給人以深刻的印象。

一九四九年十一月，中國科學院剛一成立，即「決定要從事兩項重要的工作，一是中國科學史的資料搜集和編纂，一是近代科學論著的翻譯與刊行」，從而把科技史的研究工作提上了議事日程。中國科學院院長郭沫若當時指出：「我們的自然科學是有無限輝煌遠景的，但我們同時還要整理幾千年來的我們中國科學活動的豐富的遺產。這樣做，一方面是在紀念我們的過往，而更重要的一方面是策進我們的將來。」① 根據郭沫若的這一指示，中國科學院副院長竺可楨召集了一些對科技史研究有經驗的專家進行了幾次座談，討論如何開展這一工作。一九五四年在中國科學院內正式成立中國自然科學史研究委員會，由十七名院內外專家組成，他們是：竺可楨（主任）、葉企孫（副主任）、侯外廬（副主任）、向達、李儼、錢寶琮、丁西林、袁翰青、侯仁之、陳楨、李濤、劉慶雲、張含英、梁思成、劉敦楨、王振鐸、劉仙洲。這個委員會負責組織、協調全國的科學史工作，同時在中國科學院歷史研究所第二所（現中國社會科學院歷史研究所）內設立辦公室，由葉企孫具體負責，籌建專門研究機構。與此同時，竺可楨於該年八月二十七日在《人民日報》發表〈為什麼要研究中國科學史〉一文，為開展這項工作進行輿論準備。一九五六年春，國務院成立國家科學技術委員會，制定科學技術發展十二年遠景規劃，科學技術史是其中項目之一。同年七月中國科學院在北京召

①《中國近代科學論著叢刊・序》。

開了第一次中國科學史討論會，收到論文二十四篇，其中農學史十篇、醫學史十篇、天文學史四篇。接著十一月六日，中國科學院第二十八次院務常務會議通過成立中國自然科學史研究室，為所一級的獨立實體研究機構。這個研究室剛成立時只有八人，即：李儼（室主任）、錢寶琮、嚴敦傑、曹婉如、苟萃華、黃國安、樓韻午和我。如今，前三位已經去世，黃、樓二位已到他處工作，曹婉如和我也已退休，在職的只剩苟萃華一位。但是，這個研究室三十多年來有很大發展，一九七五年擴建為研究所，現有職工一百二十多人，其中專業人員約一百人，分屬六個研究室、一個編輯部和一個圖書館。圖書館藏書十多萬冊，其中線裝古書近三萬冊，有在臺灣影印的文淵閣《四庫全書》全套。編輯部編輯出版《自然科學史研究》、《中國科技史料》和《科學史譯叢》三種季刊，每種每期都在十萬字左右②。

在中國科學院內，除自然科學史研究所外，從事部分科學史工作的還有系統科學所、數學所、心理所、地理所、微生物所、北京天文臺、南京紫金山天文臺、上海天文臺、上海硅酸

②席澤宗：〈科學史研究重鎮——自然科學史研究所〉，台北《科學月刊》，一九八八年十九卷九期，頁七〇四—七〇五。

鹽所、陝西天文臺等。中國科學院科技政策與管理科學研究所則更多地從事科學院史、科學思想史和科學社會史的研究，該所主辦的《自然辯證法通訊》，每年六期，每期均以約三分之一的篇幅刊登有關科學史的文章。此外，中國科學院各所主辦的學報、通報，也不時刊有各學科史的文章。

在中國科學院於一九五七年成立中國自然科學史研究室的先後，有些產業部門也在其科學院中建立了相應的機構。如衛生部在中醫研究院內建立醫史文獻研究所、建築工程部在建築科學院內建立建築史和建築理論研究室、水利部在水利科學院內建立水利史研究室、農業科學院和南京農學院合作建立農業遺產研究室等等。這些機構在文化大革命中均被解散，現在多已恢復，並有所發展。

高等學校的科學史研究和教學工作在「文革」以前只有個別人在進行，如清華大學劉仙洲之於機械工程史、張子高之於化學史、北京大學侯仁之之於地理學史、北京醫學院李濤之於醫學史。「文革」以後則有蓬勃的發展。安徽中國科技大學建立了科學史研究室，錢臨照、方勵之先後兼任過室主任。內蒙師範大學成立了科學史研究所，在李迪的主持下，培養了不少的研究生。北京鋼鐵學院（現改名北京科技大學）的冶金史研究室，以柯俊為首，是一支很強的研究隊伍。此外，廣州華南農業大學農業遺產研究室、上海華東師範大學科學史和自然辯證法研究所、武漢華中工學院技術史研究室等也都培養了一些人材，做了不少工作。

在這樣廣泛的基礎上，水到渠成，在中華全國科學技術協會的支持下，於一九八〇年十月，在北京成立了中國科學技術史學會，出席會議的有來自全國各地的科技史工作者近二百人，會上選出由四十九人組成的理事會，並為臺灣保留二個理事名額。按照會章，理事會每三年改選一次，今年將要第四次改選，每次至少要改換理事三分之一，理事連選連任不得超過三次，理事長連選連任不得超過兩次。學會目前有會員九百多名，分十一個專業委員會，即數、理、化、天、地、生、農、技、冶金、建築和綜合研究。另有兩個基本上獨立的團體會員：一是中華醫史學會。這個學會成立得比中國科技史學會早，出有《中華醫史雜誌》，屬中華醫學會，經費也由那裡負責。一是地方科技史志學會。這幾年各地編寫地方志，地方志中都有科技志。各省市編寫科技志的人橫向串聯，組織起來，成立了這個機構，經費自籌，出有《科技史志研究》（季刊）。這兩個團體會員和學會的關係比較鬆散。

至今為止，各省市成立科技史學會的有上海、安徽、陝西、河南、廣西等幾個地方。按照中華全國科學技術協會組織法，他們是當地科學技術協會的成員，中國科學技術史學會對他們只有業務上的關係。

中國科學技術史學會每年年初舉行常務理事會議一次，總結前一年的工作，安排本年的計畫。每年舉行專業性和綜合性學術討論會約十次。

著作介紹

以下就科學院系統四十年來所做的工作，分學科做一概括介紹。偶爾提到非科學院系統人的工作時，則註明其單位。

一　綜合研究

㈠關於科技通史方面的著作有：

1.自然科學史所編：《中國古代科技成就》，中國青年出版社，一九七八年出版。臺灣明文書局以《中國古代的科技》為書名，分上、下兩冊，於一九八一年翻印。

2.杜石然等六人合著：《中國科學技術史稿》上、下冊，科學出版社，一九八二年出版。

此書獲一九八三年科技圖書二等獎。臺灣木鐸出版社合為一冊，以《中國科學文明史》為書名，於一九八三年翻印。

3.自然辯證法通訊雜誌社編：《科學傳統與文化——中國近代科學落後的原因討論會論文集》，陝西科學技術出版社，一九八三年出版。

4.自然科學史所近現代科學史研究室編著：《二十世紀科學技術簡史》，科學出版社，一九八五年出版。

5.潘吉星：《天工開物校注及研究》，巴蜀書社，一九八九年出版。

㈡關於科學家的研究方面有：

1.中國自然科學史研究室編：《中國古代科學家》，共收二十九人；科學出版社，一九五九年初版，一九六一年修訂再版。

2.中國自然科學史研究室編：《徐光啟誕生四百周年紀念論文集》，中華書局，北京，一九六四年版。

3.劉再復（社科院）、金秋鵬、汪子春：《魯迅和自然科學》，科學出版社，一九七六年初版，一九七九年增訂再版。

4.潘吉星：《明代科學家宋應星》，科學出版社，一九八一年版。
5.戴念祖：《朱載堉——明代科學與藝術的巨星》，人民出版社，一九八六年版。
6.席澤宗等編：《徐光啟研究論文集》，上海學林出版社，一九八六年版。
（有關各專業的科學家研究，將在以下分科中敘述）。

㈢綜合性的論文集有：

1.自然科學史所編：《科學史集刊》一——十一期，科學出版社、地質出版社出版，一九五八——一九八四年。
2.自然科學史所編：《科技史文集》一——十四輯，上海科學技術出版社，一九七八——一九八五年。
3.竺可楨文集編輯小組：《竺可楨文集》，科學出版社，一九七九年。
4.自然科學史所編：《錢寶琮科學史論文選集》，科學出版社，一九八三年。
5.潘吉星主編：《李約瑟文集》，遼寧科學技術出版社，一九八六年。
6.方勵之主編：《科學史論集》，中國科技大學出版社，一九八七年。
7.杜石然主編：《第三屆國際中國科學史討論會論文集》，科學出版社，一九九〇年。

(四)關於工具書方面的著作有：

1.嚴敦傑主編：《中國古代科技史論文索引》，江蘇科學技術出版社，一九八六年。

2.葛能全編著：《科學技術發現發明縱覽》，科學出版社，一九八六年。

二　數學史

數學史是中國最早開拓的科學史研究領域之一，它的奠基者是李儼（一八九二—一九六三）和錢寶琮（一八九二—一九七四）。此二人都學土木工程，一九五六年以前李儼在隴海鐵路局工作，錢寶琮在大學教書，一九五六年同時調進中國自然科學史研究室。與他們二人同時調進的還有一位長期從事會計工作的嚴敦傑，對數學史也很有研究。在他們未到科學院之前，李儼和嚴敦傑討論數學史的來往信件就有七百多封。所以自然科學史研究所從一成立，數學史就是力量最強的一個學科。三十多年來科學史所、數學所和系統科學所在數學史方面，出版了如下一些著作：

1.李儼：《中國古代數學史料》，中國科學院，一九五四年出版。

2.李儼：《中算家的內插法研究》，科學出版社，一九五七年出版。

3.李儼：《十三、十四世紀中國民間數學》，科學出版社，一九五七年出版。

4.李儼：《中國數學大綱》上、下冊，科學出版社，一九五八年增訂再版。

5.錢寶琮校點：《算經十書》上、下冊，中華書局，一九六三年出版。

6.李儼、杜石然：《中國古代數學簡史》上、下冊，中華書局，一九六四年出版。此書近年在港、臺被多次翻印，也被譯成英文在英國牛津大學出版社出版。

7.錢寶琮主編：《中國數學史》，科學出版社，一九六四年出版。

論文集有：

8.李儼：《中算史論叢》一—五集，中國科學院，一九五四—五五增訂再版。

9.錢寶琮主編：《宋元數學史論文集》，科學出版社，一九六六年出版。

10.吳文俊主編：《九章算術與劉徽》，北京師範大學出版社，一九八二年出版。

11.吳文俊主編：《中國數學史論文集》一—三集，山東教育出版社，一九八五—八七年出版。

12.吳文俊主編：《秦九韶與〈數學九章〉》，北京師範大學出版社，一九八七年出版。

關於世界數學史方面的著作有：

13.胡作玄、趙斌合編：《菲爾茲獎獲得者合傳》，湖南科學技術出版社，一九八四年出版。

14.胡作玄：《希爾巴基學派的興衰》，知識出版社，一九八四年出版。
15.胡作玄：《第三次數學危機》，四川人民出版社，一九八五年出版。

三　天文學史

天文學史也是中國最早開拓的科學史研究領域之一，早在一九二二年中國天文學會成立時，高平子即提出了「以科學方法，整理曆法系統」，「以科學方法，疏解並證明古法原理」，「以科學公式，推算古法疏密程度」。「以科學需要，應用古測天象」的四條原則，來研究中國天文學史，並同朱文鑫窮畢生精力，做了這方面的工作。一九四九年以後，我們沿著這四個方向，又做了很多工作，出版的專著有：

1.陳遵嬀：《中國古代天文學簡史》，上海人民出版社，一九五五年出版。此書有俄文和日文譯本。
2.鄭文光、席澤宗：《中國歷史上的宇宙理論》，人民出版社，一九七五年出版。此書一九七八年被譯成義大利文在羅馬出版。
3.鄭文光：《中國天文學源流》，科學出版社，一九七九年出版。

4.中國天文學史整理研究小組：《中國天文學簡史》，天津科學技術出版社，一九七九年出版。
5.中國天文學史整理研究小組：《中國天文學史》，科學出版社，一九八一年出版。
6.中國社會科學院考古研究所：《中國天文文物圖錄》，文物出版社，一九八〇年出版。
7.陳遵嬀：《中國天文學史》，第一冊（一九八〇年），第二冊（一九八二年），第三冊（一九八四年），第四冊（已交稿），上海人民出版社出版，臺灣已翻印。（陳為北京天文館名譽館長）
8.陳久金、盧央、劉堯漢：《彝族天文學史》，雲南人民出版社，一九八四年出版。（盧在南京大學工作，劉在社科院民族所工作）
9.黃明信、陳久金：《藏曆的原理與實踐》，民族出版社，一九八七年出版。（黃在北京圖書館工作）
10.張培瑜：《中國先秦史曆表》，齊魯書社，一九八七年出版。
11.莊威鳳王立興總編：《中國天象紀錄總集》，江蘇科學技術出版社，一九八八年出版。
12.北京天文台主編：《中國天文史料匯編》，科學出版社，一九八九年出版。

13.潘鼐（上海建工所）：《中國恆星觀測史》，學林出版社，一九八九年出版。

12.張培瑜：《三千五百年曆日天象》，河南教育出版社，一九九〇年出版。

15.徐振韜、蔣窈窕：《中國古代太陽黑子研究與現代應用》，南京大學出版社，一九九〇年出版。

文集方面有：

16.中國天文學史文集編輯組：《中國天文學史文集》一—五集，科學出版社，一九七八—一九八九年出版。

17.紫金山天文臺：《天問》（中國天文學史文集），江蘇科學技術出版社，一九八四年出版。

18.中國天文學會：《天文學在前進》（中國天文學會成立六十周年紀念冊），一九八二年出版。

19.紫金山天文臺：《中國科學院紫金山天文台成立五十周年紀念冊》，一九八四年出版。

關於世界天文學史方面有：

20.宣煥燦（南京大學）選編：《天文學名著選譯》，知識出版社，一九八九年出版。

四 物理學史

物理在古代不成為一門學科，材料比較分散，因而受人注意得也較晚。一九四二年錢臨照對《墨經》中有關光學和力學的記述作了詮釋，文中的一些基本觀點至今仍被中外有關學者引用，這篇文章最近被重印在為紀念他八十壽辰，由方勵之主編的《科學史論集》（一九八七年）中。王振鐸於一九四九年前後為了復原司南，對中國磁學知識所作的系統研究，集中反映在他在《中國考古學報》上連續發表的〈司南・指南針與羅經盤〉，此文已於今年重印在他的《科技考古論叢》中。一九四九年以來出版的書籍有：

1. 武漢大學吳南薰：《中國物理學史》，武漢大學，一九五四年出版。
2. 浙江大學王錦光：《中國物理學史話》，河北科學技術出版社，一九八一年出版。
3. 王錦光：《中國光學史》。
4. 戴念祖：《中國力學史》，河北科技出版社，一九八八年出版。
5. 許良英、范岱年、胡繼民合編：《王淦昌和他的科學貢獻》，科學出版社，一九八七年出版。

在世界物理學史方面，與其他學科相比，則做得較多，重要的有：

6.許良英、范岱年、趙中立編：《愛因斯坦文集》，商務印書館，北京，一九七六－一九七八年出版，共三卷。

7.閻康年：《盧瑟福和近代物理學》，科學技術文獻出版社，一九八七年出版。

五　化學史

中國化學史的研究，以王璡為最早，他在本世紀二十年代一開始，就在《科學》上連續發表〈中國古代金屬原質之化學〉等文章；到了四十年代初則有李喬苹《中國化學史》出版；五十年代則以袁翰青的工作最多，他曾將論文匯集成《中國化學史論文集》出版。其後，出版的書籍則有：

1.清華大學張子高：《中國化學史稿》（古代部分），科學出版社，一九六四年出版。

2.潘吉星：《中國造紙技術史稿》，文物出版社，一九七九年出版。

3.南京曹元宇：《中國化學史話》，江蘇科技出版社，一九八〇年出版。

4.洪光柱：《中國食品科技史稿》（上冊），中國商業出版社，一九八四年出版。

5.上海硅酸鹽研究所：《中國古陶瓷論文集》，輕工業出版社，一九八三年出版。

6.北京大學趙匡華編：《中國化學史論文集》。

7.中國陶瓷學會：《中國陶瓷史》，文物出版社，一九八二年出版。

8.潘吉星：《中國火箭技術史稿》，科學出版社，一九八七年出版。

關於世界化學史的出版物，則有：

9.北大化學系、科學史研究所：《化學發展簡史》，科學出版社，一九八〇年出版。

10.化學思想史編寫組：《化學思想史》，湖南教育出版社，一九八六年出版。

11.潘吉星：《卡爾・蕭萊馬》，遼寧教育出版社，一九八六年出版。

六　生物學史

早在一九〇七年《國粹學報》上即開始有劉師培、蒲蟄龍等人發表有關中國生物學史方面的文章，但近四十年中，相對來說，生物學史方面的著作較少。五十年代初期，陳楨曾把他的幾篇文章匯集成冊，名為《關於中國生物學史》，由科學出版社出版。此外，還有：

1.西北農學院周堯：《中國昆蟲學史》，昆蟲分類學報出版社，一九八〇年出版。
2.李佩珊等：《百家爭鳴——發展科學的必由之路》（一九五六年八月青島遺傳學座談會記實），商務印書館，一九八五年出版。
3.自然科學史研究所編：《中國生物學史論文集》，農業出版社，一九八〇年。
4.潘菽：《中國古代心理學思想研究》，江西人民出版社，一九八三年出版。
5.茍萃華等：《中國古代生物學史》，科學出版社，一九八九年出版。

本文不擬介紹農學史和醫學史方面的工作，這兩部分工作都在科學院以外進行，而且規模很大，單農學史的刊物就有好幾個，《農史研究》、《農業考古》等，非本人力所能及。這裡只就我們所內剛去世的夏緯瑛先生在農史文獻的研究方面所寫的幾本書予以介紹：

1.《呂氏春秋上農等四篇校釋》，科學出版社。
2.《周禮中有關農業條文的解釋》，農業出版社，一九七九年出版。
3.《詩經中有關農事的解釋》，農業出版社，一九八一年出版。
4.《夏小正經文校釋》，農業出版社，一九八一年出版。

七　地學史

中國地理學史的研究，始於本世紀初，至三十年代，即有王庸所著《中國地理學史》出版。一九五八年自然科學史室和北京大學地質地理系合作，在侯仁之主持下，新編寫了一部《中國地理學史》，其後將其古代部分修改，名為《中國古代地理學簡史》，於一九六二年，由科學出版社出版。此書以地理著作和地理學家為線索。一九七七年，科學史所又以研究對象分章，編寫了更詳細的一本《中國古代地理學史》，於一九八四年由科學出版社出版。

在地圖史方面，北京圖書館王庸編著了《中國地圖史綱》（商務印書館，一九五九年出版）。復旦大學譚其驤編輯的《中國歷史地圖集》，則是規模浩大的工程，至今尚未全部做完。

在地震史方面，中國科學院於五十年代初組織普查，編輯出版的《中國地震資料年表》，對經濟建設中廠址和水壩位置的選擇，提供了重要的參考數據，對地震預報也有幫助。這項工作在唐山大地震以後，又重新做過。由國家地震局、中國社會科學院、中國科學院三家聯合建立編輯委員會，編出《中國歷史地震資料匯編》五大卷，自一九八三年起已由科學出版社陸續出版。此外，我所唐錫仁有《抗震史話》一書（科學出版社，一九七八年出版）。

在海洋學史方面，青島海洋所有《中國古代潮汐論著選譯》一書，科學出版社，一九八〇年出版。

在水利史方面，有水電科學院和武漢水電學院合作編寫的《中國水利史稿》，上冊於一九八〇年由水電出版社出版。

在古代地理著作和地理學家研究方面，先後有侯仁之的《中國古代地理名著選讀》（科學出版社出版）和唐錫仁、楊文衡的《徐霞客及其遊記研究》。最後，地質出版社於一九八三年出版的《楊鍾健回憶錄》，人民出版社和科學出版社出版的《竺可禎日記》（共五卷），也都可以當作科學史著作來讀。

八　技術史

和農學史、醫學史一樣，技術史也是科學院外的力量大於科學院內。經我所組織或參預寫成的書籍有：

1.夏湘蓉（武漢湖北省地質局）、李仲鈞等：《中國古代礦業開發史》，地質出版社，一九八〇年出版，獲一九八二年全國優秀科技圖書獎。

2.紡織工業部陳維稷主編：《中國紡織科學技術史》（古代部分），科學出版社，一九八四年出版。全書六十多萬字，附有彩色照片一百多幀。

3.自然科學史所主編：《中國古代建築技術史》，中、英文版同時由科學出版社於一九八五年出版，全書一百二十萬字，圖片一千八百多張，獲一九八六年首屆「中國圖書獎」。

4.華覺明：《中國古代金屬技術》，此書放在他譯的泰利柯特的《冶金史》的後半部分，書名為《世界冶金發展史》，科學技術文獻出版社，一九八五年出版。

5.鐵道科學院茅以昇主編：《中國古橋技術史》，北京出版社，一九八六年出版，近七十萬字，有照片近四百張。此書獲一九八六年全國首屆圖書榮譽獎。

6.華覺明主編：《中國冶鑄史論集》，文物出版社，一九八六年出版。

此外，我們在這裡還得介紹一下，華覺明同哈爾濱科技大學王玉柱等在複製、研究曾侯乙編鐘方面承擔了關鍵性的任務，在編鐘的合金成分、鑄造技術、雙音鐘發聲機製等研究方面有所突破，複製的整套編鐘達到了形似、聲似的效果，獲一九八三—四年度文化部重大科技成果一等獎。在此之前，他對河南淅川編鐘的複製與研究，也曾獲機械工業部一九八〇年重大科技成果二等獎。

今後展望

過去四十年我們做了不少事情，把科學史這門學科在祖國的大地上建立了起來，有了專業隊伍。但是力量還顯得分散，沒有形成拳頭，成績不夠顯眼。至今一談中國科學史，首先提到的必然是李約瑟，而不是中國人。這也就是說，我們在某一學科、某一方面的研究上，很可能遠遠超過李約瑟；但在總體上，我們還沒有趕上李約瑟。為了在中國科學史領域，中國人要有更大的發言權，我認為，今後除了繼續進行專題研究和專業史的研究外，應該有計畫、有組織、有步驟地進行以下幾項工作：

㈠重新翻譯李約瑟的《中國科學技術史》。　這部畫時代的鉅著除了引起西方世界對中國科技史的關注外，給我們提供了無比豐富的研究課題和線索，是每位研究中國科學史的必讀書籍。將它翻譯出來，除科學史工作者閱讀起來方便以外，還可以吸引更多的人來研究中國科學史。現在臺灣已譯到第五卷，北京也譯過第一和第三卷，但都不夠理想，還應該有更好的譯本出現。這個翻譯工作很難，譯者不但要英文好，還要中國的古文好，還要懂科學。但是我相信這樣的人材還是有的，還是能做到的。

(二)組織編寫《中國科學技術史叢書》。臺灣《科學月刊》的編者在一九七八年十月號上曾經說過這麼一段話：

我們不能以為將這部書（李約瑟《中國科學技術史》）譯成中文，就算完成了一件大事。我們希望通過它有更多的人注意與研究，在十年、二十年以後，能夠出現一部中國科技「結帳式」的經典之作。

《科學月刊》編者的話到現在已經十多年了，由中國人自己組織力量，嚴肅認真地編寫一套《中國科技史叢書》應該是時候了。我們應該對每本書、每篇、每章在全國範圍內挑選最合適的人選來承擔。寫出來以後，先在國內發行；經過學術界鑑定以後，也可以譯成外文，擴大海外影響。

㈢拍攝中國科技史電視系列片。　電視是當今傳播媒介工具中影響力最大的一種。《中國科技史叢書》等這樣大部頭的書有耐心看的人畢竟很少，如果要把中國古代科技成就告訴更多的群眾知道，寫科普作品，作科普演講、廣播，當然都是有效的辦法；但拍電視系列品應該是最生動、最有效的辦法。如果拍一百集；每集演十分鐘，一個專題。每個專題之間既有連續性，又可以單獨看；應該會受到歡迎。

㈣審定科技史基本名詞。　孔子把正名工作看得非常重要，說「名不正，則言不順」。嚴濟慈先生寫過一篇〈論公分、公分、公分〉，指出科學名詞如果訂得不好，就會引起混亂，若把長度單位毫米（mm）譯為公分，重量單位克（g）也譯為公分，容積單位毫升（ml）也譯為公分，那就有時不知所云。老一輩的科學家很重視審定名詞工作，所以許多近代科學名詞都譯得很好。但科學史名詞很少受到重視，尤其中國古代的一些科學名詞如何譯成英文，更是一件非常困難的事。這方面的工作我們也應該起步來做，現在已具備了一些條件。

㈤校釋古代科技名著。　對於中國古代科技名著應該有計畫地組織人力，選擇最好版本，予以標點和校釋，重新出版。如有條件，有的也可譯成外文。

㈥開展中國近現代科技史的研究。　臺灣清華大學將於今年八月下旬召開中國近代科技史國際研討會，這是一個很好的開端。中國近現代科技史的研究應該提到議事日程上來了。我們不應該等到像李約瑟之於中國古代科學史那樣，外國也有人把中國近代科學史寫出大部頭著作來了，自己再來研究。如果能有人從總結經驗的角度，寫出《十九世紀中國科學史》和《二十世紀中國科學史》，我想這對二十一世紀中國科學的發展一定很有參考價值。

㈦立足中國，放眼世界。　中國科學史只是世界科學史的一部分，要研究中國近現代科學史必須瞭解世界科學史；就是研究古代中國科技史也得瞭解世界科學史，李約瑟列出研究中國科學史的六個條件，有兩條都是關於世界科學史的。因此，我們對世界科學史必須花費相當的人力、物力，進行一定的研究。

後記：本講收集材料過程中，得到李佩珊、王渝生和朱冰的大力協助，在此表示衷心的感謝。

第三講　先秦科學思想鳥瞰

德國存在主義哲學家雅斯培（Karl Jaspers, 1883-1969年）著有影響很大的一本書：《歷史的起源與目的》①。在這本書中他指出，在西元前六世紀前後，中國的孔子（西元前五五一—四七九年）、印度的佛陀（Buddha，約西元前五六三—四八三年）、波斯的瑣羅亞士特（Zoroaster，西元前六世紀上半葉）、猶太的以賽亞（Isaiah，西元前八世紀後半葉），

①原書出版於一九四九年，為德文。英譯為*The Origin and Goal of History*, Yale University Press, New Haven, lst ed., 1953, 3rd ed. 1965.

以及希臘的畢達哥拉斯（Pythagoras，約西元前五八〇—五〇〇年），幾乎同時出現，為人類歷史的第一次突破，可稱為樞軸時代（Axial Age）。在此之前，各處人類皆有史前時代，人群不過渾渾噩噩地度日，生老病死，全無意義，人之異於禽獸，只在於人掌握了用火的能力，因此雅斯培稱史前時代為普羅米修士的時代。接著，在西元前五千年左右，有一些地區的人類發展了農業、文字及國家，這是古代文化的時代，但是他認為，有若干古代文化，例如埃及和巴比倫，卻始終沒有完成第一次突破，而發展為樞軸時代的文明。各個樞軸文明，在近世逐漸合流為近代的科學文明，這是人類歷史上的第二次普羅米修士時代，人類只是掌握了更多的更複雜的謀生手段，還沒有找到新的歷史意義；第二次突破，還有待於人類再一次的努力②。

雅斯培把西元前八〇〇年至西元前二〇〇年定為人類歷史上的第一個樞軸時代，主要是從人文科學方面來考慮的。他認為人的存在，不僅是存在，更重要的是人對他的存在的意義有

②對雅斯培學說的這段介紹，參考了許倬雲：〈論雅斯培樞軸時代的背景〉，見所著《中國古代文化的特質》附錄，台北：聯經出版事業公司，一九八八年。

選擇與界定的自由。正是在這一時期，幾個古代文明都有人提出系統性的思考，為人類何去何從及是非善惡問題，賦予了普遍性的意義，一直影響到今天。從自然科學方面來看，我覺得這一時期可以同樣稱為樞軸時期。這一時期在希臘大致上是從泰理斯（Thales，約西元前六四〇—五四六年）到亞里斯多德（西元前三八四—三二三年），人們對自然界的認識，蓬勃發展，奠定了許多學科的基礎。在中國，正好是春秋戰國時期（西元前七七〇—二二一年），諸子蜂起，百家爭鳴，他們在討論各種政治、社會問題的同時，也觸及到許多自然科學的問題。從科學思想史的角度來看，他們的影響更大，這裡只就幾個問題加以介紹，既是鳥瞰，當然不可能談得太深入。

物質相互作用的力（陰、陽）和機制（感）

《莊子・天下篇》裡記載：

南方有倚人焉，曰黃繚，問天地所以不墜不陷，風雨雷霆之故。惠施不辭而應，不慮

而對，編為萬物說。說而不休，多而無已，猶以為寡，益之以怪。

惠施（約西元前三八〇—三〇五年）的回答至今沒有留下來。但是，從歷史發展來看，人們最初對於這些問題的回答總是屬於自然神論。南方多雨，北方常旱，這是因為南方有雨師應龍，北方有旱神女魃。山有山神，河有河伯，自然界的每一種事物，都有一種神靈在起作用，這種自然觀不屬於科學思想，但是想要說明自然的這個企圖卻是科學的開始。中國最早想用自然界本身的力量來說明自然現象的第一個人可能是伯陽父，據《國語・周語（上）》記載：周幽王二年（西元前七八〇年）發生了地震，三條河流被堵塞了，伯陽父說：「周將亡矣。夫天地之氣不失其序。若過其序，民亂之也。陽伏而不能出，陰遁而不能蒸，於是有地震。」伯陽父因地震而推斷周將滅亡，又認為陰陽失序是民亂造成的，這是他思想中的不合理成分，但他以天地之氣和陰陽的失序來解釋地震卻是一個很大的進步。

正式把陰、陽作為相互聯繫和相互對立的哲學範疇來解釋各種現象，則開始於《周易》。《莊子・天下篇》在評論儒家的幾部經典著作時說：「《詩》以道志，……《易》以道陰陽，《春秋》以道名分。」現存的《周易》，實際上包括兩大部分。一部分是「經」，一部分是

「傳」。經包括六十四卦（每卦由六爻組成，共三四八爻），以及卦辭和爻辭。傳包括：〈彖辭〉（斷卦辭之意）、〈象辭〉（分大象、小象，大象總論一卦的象徵，小象則分述六爻之象）、〈繫辭〉（通論六十四卦的意義，是一篇重要的哲學著作）、〈文言〉（只論乾、坤二卦）、〈序卦〉（說明六十四卦排列的順序）、〈說卦〉（說明八卦所代表的事物及其意義）、〈雜卦〉（解釋六十四卦的卦名）。因為〈彖辭〉、〈象辭〉、〈繫辭〉又各分為上、下兩篇，總共十篇，稱為《十翼》，又稱為《易傳》。傳是對經而言，是解釋經的。在現在通行的本子中，〈彖辭〉、〈象辭〉和〈文言〉均已分散在各卦之下，獨立成篇的只有：〈繫辭〉（上、下），〈說卦〉、〈序卦〉和〈雜卦〉。

「陰陽」概念在《易經》中沒有，在《易傳》中才有。六十四卦雖然是由「—」和「--」兩個符號組成，但在經中並不稱陽爻和陰爻，而稱「—」為九，「--」為六，到《易傳》作解釋，才稱為陽爻和陰爻。《易經》在孔子以前就有，《左傳・莊公二十二年（六七二年）》載：「周史有以《周易》見陳侯者，陳侯使筮之。遇觀（䷓）之否（䷋），曰：『是謂觀國之光，利用賓於王。』」是其證明。《論語・述而》記載：「子曰：假我數年，五十以學《易》，可以無大過矣。」又是一個證明。按照傳統的說法，《易傳》為孔子所作，宋朝的歐陽修提出懷疑，清朝的崔述在《洙泗考信錄》中舉出了大量的證據，證明不是孔子所作。現在看來，這個問題很容易證明，在《易傳》中冠有「子曰」的話有二十多處，顯然不是孔子所作。由此可見，《易傳》是孔子以後的儒家學者對《周易》所作的解釋，時間不會晚於莊子（約西元前三六九—二八六年）。

《易．繫辭》認為：「一陰一陽之謂道，繼之者善也，成之者性也。」（上）又引孔子的話說：「乾坤其《易》之門耶！乾，陽物也；坤，陰物也。陰、陽合德而剛柔有體，以體天地之撰，以通神明之德。」（下）這就是說，宇宙間所有事物的運動、變化，都離不開陰、陽。在物質世界中，最大的陽性東西是天，在卦的符號系統中為乾（☰）；最大的陰性東西是地，在卦的符號系統中為坤（☷）。當時認為天動地靜，動是剛健的表現，靜是柔順的表現，所以就將剛、柔和陽、陰聯繫起來了。

《易．繫辭》又從男女交配生出子女這個生物現象，作一種類比，推出天地配合生出萬物（即「天地之撰」），它說：「天地絪緼，萬物化醇；男女構精，萬物化生。」（下）天地比如父母，其餘東西比如子女，天地交配最初生出的六個子女就是八卦中其餘六卦所代表的東西，即日（火）、月（水）、風、雷、山、澤。但是，天、地畢竟和男女不一樣，不能接觸到一起交配，於是在咸卦的《彖辭》中又提出了一種機制——「感」，說「天地感而萬物化生，聖人感人心而天下和平，觀其所感而天下萬物之情可見矣」。這個「感」字很重要。任何一種東西的內部本身都有陰、陽兩種力在消長變化，當陽性占優勢時，這個東西就屬陽性，它可以和另一個屬陰性的東西相互作用，這兩個東西雖不在一起，但可以通過「感應」起作用，這是一個很重要的概念。以後人們對於磁石吸鐵和電磁相互作用都用這個詞來描述。《周易》以後，陰陽概念在中國各種書籍中得到了普遍的運用，例如，單《莊子》一書就使用了二十多次，材料很多，這裡不再列舉。李約瑟在《中國科學技術史》（即《中國的科學與文明》）第二卷第十三章七節「兩種基本力量的理論（陰陽學說）」中收集了一些，可以參閱。

物質的相互轉化（五行理論）

在儒家的另一部經典著作《尚書》（即《書經》）中提出了與自然科學發展有密切關係的另一個哲學範疇：五行。這一名詞，首見於〈夏書・甘誓〉。這一篇很短，據說記載的是西元前二千多年前的事，只有「五行」兩個字，沒有具體內容。其次是在〈周書・洪範〉中有詳細的記載：

五行：一曰水，二曰火，三曰木，四曰金，五曰土。水曰从下，火曰炎上，木曰曲直，金曰從革，土爰稼穡。潤下作鹹，炎上作苦，曲直作酸，從革作辛，稼穡作甘。

按照傳統的說法，《尚書》中的這一篇是周武王十三年（約西元前一〇〇〇年左右）克殷以後，被俘的殷代知識分子箕子和武王的談話。近代有人認為〈洪範〉這篇文章長篇大論，可能是戰國時期的作品。我們認為，〈洪範〉這篇文章可能晚出，但其中關於五行的這段話是有根據的，是西周時期已有的思想。據《國語．鄭語》記載，史伯曾對鄭桓公（作過周幽王的卿士）說：

夫和實生物，同則不繼。以它平它謂之和，故能豐長而物生之。若以同裨同，盡乃棄矣。故先王以土與金、木、水、火雜以成百物。

史伯的這段話很有意思：第一，他認為不純才成其為自然界，完全的純是沒有的。第二，不同的物質相互作用和結合（「以它平它」），自然界才能得到發展。第三，不但把金、木、水、火、土五種物質都提出來了，而且認為它們相互結合（「雜」）可以組成各種物質，這就有「元素」的意義在內。第四，史伯承認，這不是他自己的看法，在他之前就有了。

李約瑟和藪內清都認為，中國的五行觀念和希臘的土、火、氣、水四元素說不同。中國的五行不是五種基本物質，而是五種基本過程，中國人的思想獨特地避開了本體而只抓關係③。在讀了史伯的這段話後，我覺得二老的話應該有所修正：中國的五行觀念也有本體論的思想，不過後來的發展偏重在這五種物質的相互關係方面。

從以上的兩段引文可以看水，五行的次序在《尚書》和《國語》這兩本書中就有所不同：

《尚書》是：水、火、木、金、土。

《國語》是：金、木、水、火、土。

這兩種排列的不同，看不出有什麼意義，可能是前者認為水最重要，是萬物的始原，《管子

③李約瑟：《中國科學技術史》第二卷，一九九〇年北京中譯本頁二六六；英文原書一九八〇年版頁二四三。藪內清：《中國科學文明》，李淳中譯本，頁三〇—三一，高雄：文皇社，一九七六年。

》中有〈水地〉一篇，論之甚詳，我們在後面還要講到。《國語》說「以土與金、木、水、火雜以成百物」，認為土最重要，是萬物的原始，這種思想一直流傳到今天，現在農村還有一幅春聯：「土能生萬物，地可長黃金。」到了《管子・五行篇》，其排列次序就有相互轉化的意義了：

木→火→土→金→水→木。

此即所謂相生的次序：木生火、火生土，土生金，金生水，水生木。與此相反，還有一個相勝序，是由騶衍（約西元前三五〇—二七〇年）提出來的④，即：木剋土，土剋水，水剋火，火剋金，金剋木，若以符號表示，可寫為：

木＞土＞水＞火＞金＞木。

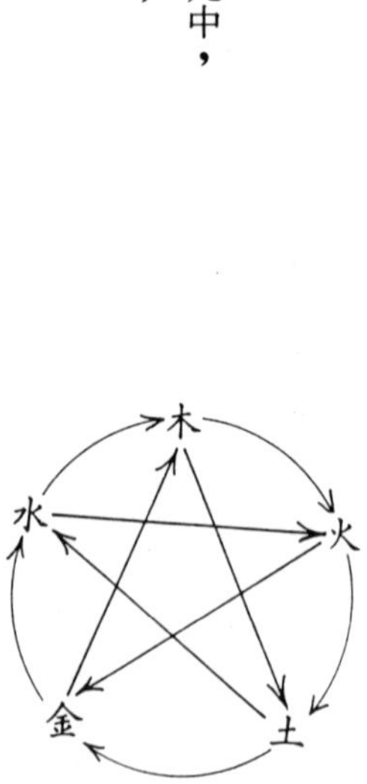

④騶衍的著作沒有留下來，在《昭明文選》卷五十九中，李善注引《七略》云：「騶子始，五德從所不勝，故虞土、夏木、殷金、周火。」

如果以曲線表示相生，以直線表示相剋，繪出來就是右面的圖。這就是漢代的董仲舒說的「比相生而間相勝」。如果以相剋次序排成一環，那麼直線就代表相生，也可得到類似的圖，這就是董仲舒所說的「比相勝而間相生」。

從相生、相勝原理又可推導出另外兩個原理：㈠相制原理，㈡相化原理。前者是由相勝原理推導出來的，是說一種過程可被另一種過程所抑制。例如金剋木（刀可以砍樹），但火剋金（火可以使刀融化變軟），如果火把刀融化了，這就抑制了金剋木的作用。相化原理是由相勝原理和相生原理結合推導出來的，是說一種過程可能被另一種過程掩蓋。例如，金剋木，但水生木，如果水生木的速度大於金剋木（砍樹）的速度，那麼剋木的過程就可能顯示不出來。

如果說，相生、相勝原理是一種定性的研究，那麼相制、相化原理就含有定量的因素，結論取決於速度、數量和比率。由此再前進一步，墨家就提出了一個更重要的原理：

> 五行無常勝，說在宜。（〈經下〉）
>
> 火爍金，火多也；金靡炭（木），金多也。（〈經說下〉）

就是說，五行相剋的次序，並不一定都是對的，關鍵取決於數量。火剋金是因為火多，火少了就不行；金剋木，金也得有一定數量。《孟子‧告子篇》裡把這個道理說得更清楚：水能滅火，但用「一杯水，救一車薪之火」，不但不能滅火，反而使火著得更旺，「杯水車薪」這個成語至今仍為人們所常用。

物質的本原（道，水，氣）

亞里斯多德（西元前三八四—三二二年）在《形而上學》第三卷第一章裡談到他以前的哲學家時說：「這些哲學家斷言有一個東西，萬物由它構成，萬物最初從它發生，最後又復歸於它。它作為本體，永遠同一，僅在它自己的規定中有所變化，這就是萬物的元素和本原。」中國最早討論物質本原問題的是《老子》。《老子》第二十五章說：

有物混成，先天地生。寂兮寥兮，獨立而不改，周行而不殆，可以為天下母。吾不知其名，字之曰道。

這就是說，萬物都是從「道」生出來。第廿六章又說：

夫物芸芸，各復歸其根。歸根曰靜，是謂復命，復命曰常。

這就是說，萬物在消滅的時候，都又復歸於「道」。每個東西的一生一滅，就是「道」的一個循環運動（「周行」）。各種物質有生滅，但「道」卻沒有改變（「獨立而不改」），「道」變化運動的規律（「常」）也沒有改。《老子》並把對規律的認識叫做「明」。第十六章又說：「知常曰明。不知常，妄作，凶。」不懂得事物的規律，胡亂辦事，不會有好結果。

《老子》的這套理論，完全可以和亞里斯多德關於本體論的定義對得上號，它所說的「道」就是最初的希臘哲學家們所主張的那樣一個東西，「萬物由它構成，萬物由它產生，最後又復歸於它。」但是道是什麼，卻沒有說清楚；道是物質，還是精神？後人爭論不休。主張是物質的，就把老子奉為唯物主義者；主張是精神的，就把老子奉為唯心主義者。所以老子的論述，還只能屬於哲學的範疇。

從稍微科學的角度來討論這個問題，是從稷下學派開始。齊宣王（西元前三二〇年至三〇二年在位）的時候，齊國都城（今山東臨淄）稷門的旁邊有一學術中心，集中了著名學者七十六人，其中包括孟子、屈原、慎到、彭蒙、騶衍、田駢、淳于髡、宋鈃、尹文、環淵和蘇秦等，極一時之盛，後來人們就把它叫做稷下學派。現在人們認為，現存《管子》一書就是稷下學派的著作總集。因此《管子》不像《莊子》、《墨子》那樣只包括一家的言論；它的各篇作者不同，觀點也不同。我們將要引用的〈水地〉篇可能是農家的著作，〈心術(上)〉、〈心術(下)〉、〈白心〉、〈內業〉四篇可能是宋鈃、尹文的著作。

地就是土。〈水地〉篇的作者認為，金、木、水、火、土五種物質中，水和土最重要，水尤其重要。〈水地〉篇開頭第一句就是：「地者，萬物之本原，諸生之根菀也。」「水者，地之血氣，如筋脈之通流者也。故曰：水，具材也。」這就是說，萬物都是從地生出來的，以人的身體作比喻，水就是地的血氣，河流就是地的筋脈。因此，水與地有同樣的功用。接著就論述水：

> 無不滿，無不居也。集於天地，而藏於萬物。產於金石，集於諸生。故曰水神。集於草木，根得其度，華得其數，實得其量。鳥獸得之，形體肥大，羽毛豐茂，文理明著。萬物莫不盡其機。
>
> 集於玉，而九德出焉。凝蹇而為人，而九竅五慮出焉，此乃其精也。

最後的結論是：「水者，何也？萬物之本原，諸生之宗室也。」這裡值得注意的是把無機界和有機界統一起來了，不但「萬物」，而且「諸生」——各種生物，也是以水為其「宗室」——本原的。從水中生出草木、鳥獸，而其中最精華部分凝集起來就形成了人。〈水地〉篇並且認為人的體質、容貌、性情和各地水的性質不同有關係，要改造社會就得先改造水，「聖人之化世也，其解在水」，這就又誇大了水的作用。

《老子》的「道」說得太玄，令人難以捉摸；〈水地〉篇的「水」又說得太具體，很難令人相信萬物都是由它構成的。於是就有人想出一種比水更加不具形體的物質——「氣」來解決這個問題，這就是宋鈃、尹文在〈內業〉等四篇中所提出的氣。中國本體論的這一段發展史與早期希臘的極為相似。黑格爾說：「阿那克西美尼（Anaximenes，約西元前五八五—五二八年）用一個確定的自然元素來代替阿那克西曼德（Anaximander，約西元前六一〇—五四五年）無定的物質（相似於《老子》的道），不過不是泰利士（Thales，約西元前六二四—五二八年）的水，而是氣。他深知物質必須要有一種感性的存在，而氣卻有一個優點，就是更加不具形式；它比水更加不具形體；我們看不見它，只有在它的運動中我們才感覺到它。」⑤

⑤黑格爾：《哲學史講演集》（中譯本）第一卷，頁一九七，北京：三聯書店，一九五六年。

在中國最早注意到氣的重要性的就是我們前面引過的西周末年伯陽父的話「天地之氣，不失其序」。《左傳》昭公元年（西元前五四一年）載有秦國醫生和對晉侯的一段談話：

天有六氣，降生五味，發為五色，徵為五聲，淫生六疾。六氣曰陰陽、風雨、晦明也；分為四時，序為五節，過則為菑。

這裡的氣指天氣，天氣可以分為六種，這六種氣的相互推移和相互作用就派生味、色、音、病等現象，這就向氣的一元論前進了一步。《老子》則說：「萬物負陰而抱陽，衝氣以為和。」（第四十二章）陰和陽是對立的，通過氣的作用得到統一（「和」），這樣就把「氣」提高到和自然界最基本的兩種力相等的地位，成為構成萬物的三要素之一。如果說陰、陽更多地表現在能量方面的話，氣就更多地表現在質量方面。然而，把氣當作萬物的本原，說得最系統的還屬《管子．內業》篇：

凡物之精，比則為生。下生五穀，上列為星；流於天地之間，謂之鬼神；藏於胸中，謂之聖人；是故名氣。

這裡說得很明確，從天上的星辰到地上的五穀，都是由氣構成的；所謂鬼神，也是氣流動於宇宙中者；聖人有智慧，也是因為他胸中藏有很多氣。總之，各種物質都是由氣構成的，一切事物都是氣變化和運動的結果。所以〈內業〉篇又說：「化不易氣。」即事物在不斷變化，但總離不開氣。

值得注意的是這段引文的開頭還有一個「精」字。「精」和「粗」是相對的，精原意指細米，《莊子．人間世》說：「鼓筴播精，足以食十人。」筴是小簸箕，用小簸箕播出來的細米，可以供更多的人吃。同理，精氣就不是一般的氣，而是比氣更細微的物質，它和氣一樣沒有固定的形狀，小到看不見，摸不著，但又無所不在，又可轉化聚集成各種有形的物質，這就是〈心術（上）〉說的「動不見其形，施不見其得，萬物皆以得」。這種精氣後來也叫做元氣。元氣說後來影響非常之大，單《淮南子》一書提到「氣」的地方就有二百多次。我曾經有一篇〈「氣」的思想對中國早期天文學的影響〉⑥。它對各門學科的影響都有，這裡不能詳談，今天只說說荀子（約西元前三一三—二三八年）根據這個學說所做的一段論述：

⑥見《東洋の科學と技術》（藪內清先生頌壽紀念論文集），頁一五四—一六九，京都：同朋社，一九八二年。

水火有氣而無生，草木有生而無知，禽獸有知而無義；人有氣、有生、有知亦且有義，故最為天下貴也。（《荀子・王制》）

李約瑟在他的《中國科學技術史》第二卷（一九八〇年英文版第二一一二三頁，一九九〇年北京中譯本第二十二頁）中曾經引述這一段話，並且說在他之前無人發現這段話和亞里斯多德的靈魂階梯論極其類似。他列表指出：

亞里斯多德（西元前四世紀）

植物：生長靈魂
動物：生長靈魂＋感性靈魂
人：生長靈魂＋感性靈魂＋理性靈魂

荀子（西元前三世紀）

水與火：氣
植物：氣＋生
動物：氣＋生＋知

但是，我們覺得，荀子的論述與亞里斯多德的論述有本質上的不同。荀子根本沒有「靈魂」概念，荀子主張「氣」是構成萬物的元素，氣是物質的，而亞里斯多德的「靈魂」是精神的。在荀子看來，生物和無生物在原始物質上沒有什麼不同，而人和動物除了「義」以外也沒有什麼不同。義是一種道德屬性，是後天教養獲得的。這樣，荀子的性惡論，就和西方基督教的「原罪」思想完全不同。荀子的思想則符合現代生物進化論和現代心理學的觀點：性惡的部分是來自人的動物屬性，而性善的部分則得之於後天教養。

．生物的進化

氣是組成物質的最基本的東西，但物質世界千差萬別：首先是生物與非生物之別；其次，生物中又有植物與動物之別；再其次，動物中又有蟲、魚、鱗、甲之別，更有人之別。這些差別是由造物主安排的呢？還是有個演化過程，這又是自然觀中的一個大問題。晉代的郭象

（約二五二—三一二年）在注《莊子・齊物論》中的「吾有待而然者耶？吾所待，又有待而然者耶？」時說：

請問，夫造物者有耶？無耶？無也，則胡能造物哉？有也，則不足以物眾形。故明眾形之自物，而後始可與言造物耳。……故造物者無主，而物各自造。物各自造而無所待焉，此天地之正也。

「物各自造」，又是怎樣造的？《莊子・秋水》篇的回答是：

物之生也，若驟若馳，無動而不變，無時而不移。何為乎？何不為乎？夫固將自化。

這「自化」二字是莊子生物進化論的關鍵，郭象的注是：「萬物紛亂，同稟天然，安而任之，必自變化。」說得更具體一點，就是《莊子・寓言》篇的：

萬物皆種也，以不同形相禪；始卒若環，莫得其倫，是謂天均。

這頭十一個字直接點出了「物種由來」：萬物本是同一類，後來逐漸變成不同形的各類，但又不是一開頭就同時變成了各各種類，而是一代一代演化的，所以說「以不同形相禪」。最後說「是謂天均」，即這是自然界的規律。

〈寓言〉篇中的這個生物演化的觀點在〈至樂〉篇末尾一段說得又更具體：

> 種有幾，得水則為㡭。得水之際，則為鼃蠙之衣。生於陵屯，則為陵舄。陵舄得鬱棲，則為烏足。烏足之根為蠐螬，其葉為胡蝶。胡蝶，胥也，化而為蟲，生於灶下，其狀若脫，其名為鴝掇。鴝掇千日為鳥，其名為乾餘骨。乾餘骨之沫為斯彌。斯彌為食醯。頤輅生乎食醯，黃軦生乎九猷，瞀芮生乎腐蠸，羊奚比乎不箰。久竹生青寧，青寧生程，程生馬，馬生人。人又反入於幾。萬物皆出於幾，皆入於幾。

由於這段話中提到的許多生物現在已沒有或者是證認不出來，就有人認為這段話是莊子的瞎胡編，並無實際意義。我們認為，這個看法不是實事求是的態度。胡適的看法⑦可能是正確的，他認為：

⑦胡適：《中國哲學史大綱》，頁二七五—二八七，上海：商務印書館，一九一九年。

第一，「種有幾」的「幾」字用得非常恰當。在字源上，這個字是從表示胚胎的圖形演變來的（幾從丝，丝從𢆶）。《易・繫辭（下）》說：「幾者，動之微。」這些都表示，幾是最微小的有生命的物質的種子。

第二，這些種子，得著水，便變成了一種微生物，細如斷絲，故名為㡭。到了水土交界之際，便又成了一種下等生物，叫做鼃蠙之衣。到了陸地上，便變成了一種陸生的生物，叫做陵舄。自此以後，一層一層的進化，一直進到最高等的人類。這段文字所舉的植物、動物的名字，雖不可細考了，但演化的觀點是顯而易見的。

第三，末尾三句連用三個「幾」字，是對開頭一句「種有幾」的回應。生物界從極微小的「幾」「以不同形相禪」一步步地發展到人類；人死了又腐爛為極細微的「幾」，所以說「人又反入於幾」。「萬物皆出於幾，皆入於幾」，這就是「始卒若環，莫得其倫」，也就是天然的變化，所以叫「天均」。

物質的無限可分與不可分（端）

現在再由生物界回到非生物界，談談物質觀方面的一個根本問題：物質是無限可分，還是分到一定程度就不能再分，而有一種最基本的粒子。

《老子》（四十二章）說：「道生一，一生二，二生三，三生萬物。」物質數呈等差級數增加，$f=1+2+3+\cdots\cdots n$，當$n=\infty$時，$f=\infty$，物質無限多，宇宙在大的方面是無限的。《易・繫辭（上）》說：「易有太極，是生兩儀，兩儀生四象，四象生八卦」物質數呈等比級數增加，$f=2^n$，當$n=0$時，$f=1$，$n=1$時，$f=2$，$n=2$時，$f=4$，$n=3$時，$f=8$，$n=\infty$時，$f=\infty$，物質數也是無限多，宇宙在大的方面也是無限的。現在要問的是：宇宙在小的方面怎樣？即「一」以下怎樣？公孫龍（約西元前三二〇—二五〇）的回答是：「一尺之捶，日取其半，萬世不竭。」（見《莊子・天下篇》）即物質是無限可分的，用近代的數學符號表示，即：

$$\lim_{n\to\infty}\frac{1}{2^n}=0$$

這裡的n是日數，當$n\to\infty$時，物質接近於零，但永不為零。也就是說，宇宙在小的方面可以無限小。

墨家對公孫龍的回答提出了不同的看法，並且作了論證。他們認為，萬物由不可分割的原子（「端」）組成，分割到端的時候，就無法再分了。一根由端按一維挨個串成的細棒，如果每次分割都是砍掉二分之一；那末，只有細棒中的原子數為2^n偶數時，經過n次分割就不能再分。在除此以外的一般情況下，要嘛一開始細棒的原子數就是奇數；要嘛經過一次或多次分割後，剩下一段為奇數。前者如原子數為三；後者如原子數為六，經過一次分割就成了奇數了。對於由奇數個原子組成的細棒，就不可能分割成完全相等的兩半（「非半弗斮」）。如果你硬要將它分割成兩半，那就會遇到兩種情況：一種是「進前取」，一刀砍在細棒中點那個原子的前面。既然砍到前面去了，那就是說你沒從中點把細棒分成完全相等的兩半（「前，則中無為半」）；後半截比前半截多一個原子，而原來細棒中間的那個原子安然無恙（「猶端也」）。另一種情況是「前後取」：先在細棒中點那個原子的前面砍一刀，再在那個原子的後面砍一刀。這樣雖然前後兩截等長了，但都比原棒的二分之一小（「斮必半，無與非半」），因為各少了半個原子。《墨子》中這段話的原文是：

非半弗斮**，則不動，說在端。（按：**斮**即砍。）（〈經下〉）**

非斮半。進前取也：前，則中無為半，猶端也。前後取：則端中也；斮必半，無與非半，不可斮也。（〈經說下〉）

時間、空間和運動

墨家不但有原子的想法，而且還較深刻地討論了時間、空間和運動的問題：

久，彌異時也。（〈經上〉）

久，合古、今、旦、暮。（〈經說上〉）

「久」和「宙」古音相通，宙即時間。《尸子》中曾下定義說：「四方上下曰宇，往古來今曰宙。」宇是包括東、西，南、北，上、下六個方向的三維空間，宙是包括過去、現在和未來的時間。古、今、旦、暮都是特定的時間（「異時」），而時間概念「久」則是所有「異時」的總括。關於空間，也是一樣：

宇，彌異所也。（〈經上〉）

宇，蒙東、西、南、北。（〈經說上〉）

這裡所指的時間和空間已經不完全是直觀的、特殊的，而是經過了一定的科學抽象，開始從特殊上升到一般。不僅如此，《墨經》還進一步論述了時間同空間的聯繫，以及時間、空間同物質和運動的聯繫。

動，或（即域）徙也。（〈經上〉）

動，偏祭（際）徙者，戶樞、免、蠶。（〈經說上〉）

這就是說，運動是物體所處的空間區域的界限（偏際）的遷移和變化，例如，門窗的開關，兔子的跳躍，蠶體的蠕動，都是通過空間界限的變化而顯示出它們的運動。而空間界限的變化，又是和時間相聯繫的：

行修以久，說在先後。（〈經下〉）

行者必先近而後遠。遠近，修也。先後，久也。民行修必以久也。（〈經說下〉）

人走路（運動），先近後遠，經過一段空間距離（「修」，即長度），也必須經過一段時間（「久」），這說明運動和時間、空間有不可分割的聯繫。

《墨經》又進一步說明時間和空間的依賴關係：

宇或徙，說在長宇久。（〈經下〉）

長宇，徙而有處。宇南宇北，在旦有（又）在莫：宇徙久。（〈經說下〉）

這段話的大意是：正是物體從一個區域遷移到另一個區域的運動，才顯示出空間（宇）的廣延性，所以叫「長宇」；沒有物體的運動也就顯示不出空間的特性。另一方面，物體在空間的運動，又必須伴隨著時間上的持續性，這就是「長宇久」。例如，一個物體的運動，在空間上從南到北，在時間上可能要從早到晚，這樣「長宇久」也就是「宇徙久」，時間、空間、物質和運動這四者具有不可分割的聯繫。

人和自然的關係

最後，談談人和自然的關係。「自然」一詞最早見於《老子》：

希言自然。（第二十三章）（按：「聽之不聞名曰希」）

人法地，地法天，天法道，道法自然。（第二十五章）

道之尊，德之貴，莫之命而自然。（第五十一章）

以輔萬物之自然而不敢為。（第六十四章）

這裡的「自然」是指道「常無為而無不為」的性質，是個形容詞，和我們今天所說的「自然界」，其含義不完全一樣。不過，後來把它借用來代表存在於人們意識之外的客觀世界卻很恰當。「自」是自己，「然」是如此，物質世界的運動變化就是自己如此，既沒有第一推動力，也沒有意識和目的（「無為」）；但生生不息，變化不已（「無不為」）。

中國古代最常用來代表自然界的名詞還是「天」字。例如，《左傳》襄公二十七年（西元前五四六年）子罕曰：「天生五材，民並用之，廢一不可。」就是說自然界的五種物質（金、木、水、火、土）為民生所必需，缺一不可。那末，天和人又是什麼關係呢？是不是就像現在有些人所說的「天人感應」和「天人合一」思想統治了中國幾千年呢？其實不然。天人感應和天人合一的思想，到戰國末年騶衍和《呂氏春秋》才開始發揮，到漢代的董仲舒（約西元前一七九—一〇四年）才完成其體系⑧。在此之前，中國還是有反對這種學說的傳統的，例如：

春，隕石於宋五，隕星也。（《左傳》僖公十六年〔西元前六四四年〕）。六鷁退飛過宋都，風也。周內史叔興聘於宋，宋襄公問焉，曰：「是何祥也，吉凶焉在？」……叔興退而告人，曰：「君失問。是陰陽之事，非吉凶所生也。吉凶由人。」（《左傳》僖公十六年〔西元前六四四年〕）

夏，大旱，公欲焚巫尪。臧文仲曰：『非旱備也。修城郭，貶食，省用，務穡，勸分，此其務也；巫尪何為？天欲殺之，則如無生，若能為旱，焚之滋甚！』公從之，是歲

⑧參閱徐復觀：《中國思想史論集續編》，頁九六—一一二，台北：時報文化出版公司，一九八二年。

也，飢而不害。（《左傳》僖公二十一年〔西元前六三九年〕）

《左傳》中這類例子很多，不再一一列舉。這裡所要著重介紹的是《荀子・天論》中的精闢論述。〈天論〉開頭第一句就說：

天行有常，不為堯存，不為桀亡。應之以治則吉，應之以亂則凶。

明確地告訴我們：自然界的運動變化（「行」），本身有其規律（「常」），與社會的治亂、國家的興亡無關；但在大自然面前，人必須遵循其規律，「應之以治」，而不能「應之以亂」。什麼是「應之以治則吉」，〈天論〉接著解釋道：

彊本而節用，則天不能貧；養備而動時，則天不能病；脩道而不貳，則天不能禍。故水旱不能使之飢，寒暑不能使之疾，祆怪不能使之凶。

「應之以亂則凶」的解釋是：

本荒而用侈，則天不能使之富；養略而動罕，則天不能使之全；背道而妄行，則天不能使之吉。故水旱未至而飢，寒暑未薄而疾，祆怪未至而凶。

將這兩段話合起來說就是：只要努力生產，厲行節約；備災備荒，勞逸結合；堅定不移地按客觀規律辦事，就是有水旱災也不怕，天氣反常也不怕，「妖怪」來也不怕。如果不按客觀規律辦事，那就沒有水旱災，沒有天氣反常，沒有「妖怪」來，也富不了，也全不了，也吉利不了。

荀子又進一步認為：「妖怪」也是自然現象，不過是不常見的自然現象而已。〈天論〉中說：

星墜木鳴，國人皆恐。曰：「是何也？」曰：「無何也。」是天地之變，陰陽之化，物之罕至者也。怪之，可也；而畏之，非也。夫日月之有食，風雨之不時，怪星之黨見，是無世而不常有之。上明而政平，則是雖並世起，無傷也；上暗而政險，則是雖無一至者，無益也。

這就把自然界的奇異現象和帝王的政治行為嚴格地畫清了界限，二者毫無感應關係。荀子並且認為畫清這種界限是非常必要的，他說：「明於天人之分，則可謂至人矣。」在荀子看來，自然界的奇異現象並不可怕，最可怕的是「人妖」，在〈天論〉中指出：「物之已至者，人妖則可畏也。」人妖是「本事（生產）不理」、「政令不明」、「仁義不修」，有此三者，則國無寧日矣。

荀況的「明於天人之分」，是就自然現象和社會治亂、國家興亡之間的關係來說的，是對「天人合一」、「天人感應」和天命論的反擊，並不是說人和自然毫無關係。荀子認為人是自然界的一部分，是自然界發展到一定程度的產物。〈天論〉中說：「天職既立，天功既成，形具而神生，好惡、喜怒、哀樂藏焉，夫是之謂天情。」這就是說，由於自然界的發展，產生了人，人先有形體（身體），又由形體產生了精神。人的原始的情感（好惡、喜怒、哀樂），就是精神內容的一部分，好像藏在其中一樣。荀子把人的這種原始情感叫「天情」，把人的五官叫「天官」，把統帥五官的心（實際上應該是腦）叫「天君」，即認為都是自然發展的產物。

人類在有了思維器官和感覺器官以後，就可以利用這些器官去認識物質世界，而物質世界可以被認識，又因為物質世界本身有其規律性。「凡以知，人之性也；可以知，物之理也。」此語見《荀子．解蔽》篇，這又是荀子的一大發現。二十世紀一位物理學家維薩克（von Weazäcker）在論述人與自然的關係時說過一句話：「自然先於人，人先於自然科學。」⑨有人認為這是至理明言。其實，在荀子思想中，這個意思也是很清楚的。

研究科學的目的不僅僅是認識自然，更重要的是利用自然來為人類服務，這在荀子叫做「財（裁）非其類以養其類」。「非其類」是指人類以外的萬物，「其類」是指人類，這句話的意思是：自然界的變化發展雖然是沒有目的的，但人類要利用自然界的萬物來養育自己，來為自己服務（「役萬物」）。另一方面，自然界有些事物對人類是有益的，有些是有害的（「順其類者謂之福，逆其類者謂之禍」），人類還要和他物競爭生存，研究科學的目的就是要培養其有益的，消除其有害的。這兩件事，前者叫「備其天養」，後者叫「順其天政」，把兩件事情弄清楚了，人類就能「知其所為，知其所不為，則天地官（為人所用）而萬物役矣」。

⑨海森堡：《物理學與哲學》，北京范岱年中譯本，頁一二三，科學出版社，一九七四年；台北劉君燦中譯本，頁四四，幼獅，一九七七年。

要「參天地」、「役萬物」，「制天命而用之」，這是何等的進取精神！這個思想不但在先秦諸子百家中是光輝的典範，就是在世界範圍內當時也是最高水平，例如亞里斯多德比他同時而略早，亞里斯多德的思想就沒有達到他這樣的境界。我們應該珍惜我們祖先的這分遺產，而不應該妄自菲薄。深入對中國科學思想史的研究，對近代科學的發展也會有一定的幫助。

後記：最近看到關增建和李志超對墨家的「端」提出了與本講完全不同的看法，見《科學史研究》，一九九一年十卷四期，頁三二七—三三五；和關增建《中國古代物理思想探索》頁六二—七四，湖南教育出版社，一九九一年。這個問題還值得進一步研究。

第四講　孔子與科學

問題的提出與研究方法

自五四運動以來不斷地有人把孔子當做科學的死敵，認為中國科學落後是由於孔子思想的阻礙，但是這些人所舉的事實，往往是捕風捉影，或者根本與孔子無關，或者是曲解、歪曲了孔子的原意。正如史學家周予同所說：「真的孔子死了，假的孔子在依著中國的經濟組織、政治狀況與學術思想的變遷而依次出現。漢武帝採用董仲舒的建議，單獨推尊孔子，其實漢朝所尊奉的孔子，只是為政治的需要而捧出的一位假孔子，至少是一位半真半假的孔子，決不是真孔子。倘使說到學術思想方面，那孔子的變遷就更多了。歷代學者誤認個人主觀的孔子為客觀的孔子。所以孔子是大家所知道的人物，但是大家所知道的孔子未必是真孔子。」（《周予同經學史論著選集》頁三三八——三三九）

要認識真孔子（西元前五五一——四七九年），最好是直接讀孔子的著作，但是孔子沒有自己的著作留下來。這情形與希臘的蘇格拉底（約西元前四七〇——三九九年）及其以前的哲學家類似。因此我們只能從其弟子及同時代人的記載中探索其本人的思想和行為。現在研究孔子思想可靠的一本書是《論語》，全書僅一六五〇九字，只相當於現在的一篇長文。但這又不是一篇文章，而且不成於一人之手，正如《漢書・藝文志》所說：「《論語》者應答弟子，時人及弟子相與言而接聞於夫子之語也。當時弟子各有所記，夫子既卒，門人相與輯而論纂，故謂之《論語》。」編輯這本語錄的是哪些人？歷來又是爭論不休。

從內容來看，《論語》也不單純是一本孔子語錄，其中有門人之間相互答問者；有稱引古代遺書者，如最後一篇〈堯曰〉，可能有《尚書》的佚文；有歷述古代賢人者，如逸民七人等；有記載當時之風俗習慣者，如〈鄉黨〉篇等等。在這樣一篇內容相當龐雜、編排很亂而又非出於一人之手的著作中，要去了解孔子思想，又何其難！在這樣的情況下，我們只得給自己規定一條界限：只把《論語》中孔子本人的言論（即冠有「子曰」的話）作為研究孔子思想的立論根據。這樣做也不一定全面和客觀，因為《論語》中沒有記載的事不等於沒有；《論語》中已經記載的也不一定準確地反映孔子的思想。但是，在現有條件下，這還是一個合理的方法。

我們的目的是要了解孔子思想和科學發展的關係。要達到這個目的，我們力求系統分析，而不是斷章取義。我們把《論語》中同一類思想的片言隻語聯繫起來，綜合成一個思想體系；然後以這個思想體系為核心，其他書籍中所載孔子的言論為參考，來分析孔子思想與科學的關係，而不給以任何附加。

孔子的「天」和「天道」觀

「天」在孔子的思想中是自然界的總體及其發展規律。他說：

天何言哉！四時行焉，百物生焉，天何言哉！（《論語．陽貨》）

自然界的規律是客觀存在，不因人而異，因此天對人來說是沒有權的，《論語．顏淵》篇中「富貴在天」這句話，是子夏的言論，不能算在孔子身上。但作為自然現象的人，卻受客觀規律支配的，這就是孔子所說的「天命」。譬如，人的生死，孔子在探問冉伯牛的病時說：

亡之，命矣夫！斯人也，而有斯疾也。（《論語．雍也》）

這裡的「命」是孔子對人本身所不能控制的現象的一個理解性的認識與接收，並沒有「權」的含義。孔子認為這種理解性的認識是非常重要的。他說：

不知命無以為君子也；不知禮無以立也；不知言無以知人也。（《論語．堯曰》）

他自己承認「五十而知天命」（《論語．為政》）。

孔子把天當作自然界的總體及其發展規律，就和《尚書》與《詩經》中把天當作上帝的看法畫清了界限。因此，他不接受迷信性的神權觀念，主張「敬鬼神而遠之」（《論語．雍也

》），反對討論「鬼神」和「死亡」的問題，說：

「未能事人，焉能事鬼？」「未知生，焉知死？」（《論語．先進》）

對孔子來說，祈禱是沒有任何意義的，他認為就是在傳統的「獲罪於天」的情況下，也是「無所禱也」（《論語．八佾》）。不過，「天」對於孔子有時有一種精神寄托作用，在《論語》中有：

予所否者，天厭之！天厭之！（《論語．雍也》）

天生德於予，桓魋其如予何！（《論語．雍也》）

天之未喪斯文也，匡人其如予何！（《論語．子罕》）

不怨天，不尤人，下學而上達，知我者其天乎？（《論語．憲問》）

這些都是孔子在精神上給自己的安慰。

除「天」之外，孔子的理哲思想中另一重要觀念是「道」。道有天道和人道兩種。天道是人可以認識而加以理解的，人道是人可以求得而遵之以行的。孔子終生「志於道」（《論語．

述而》），從事「仁」與「禮」的教育以求人之道，從事學術理論的教育以求天之道。孔子又認為天道可以作為人道的啟示，例如，他說：

為政以德，譬如北辰，居其所而眾星拱之。（《論語．為政》）

歲寒，然後知松柏之後凋也。（《論語．子罕》）

這種人的社會行為應該法乎自然的模仿式（pattern on nature）思維是孔子思想的一個特點。現在我們知道，人類社會的規律和自然界的規律不能等同，不能簡單比附，但在二千四百多年以前，孔子不用超自然的力量來解釋自然界，不搞天人感應，不迷信，認為自然界的規律和社會的規律都能以理求之，不能說不是一件超時代的貢獻。

孔子的教育理論和實踐

孔子是中國歷史上第一個偉大的教育家，他一生用了四五十年的時間，以「學而不厭，誨人不倦」的精神，開展平民教育，打破了「學在官府」、貴族壟斷文化教育和貴族世襲政府官職的局面，對於推動中國文化的發展，具有畫時代的意義。關於這一點，幾乎是有口皆碑，勿庸多述，今天只就孔子教育思想中具有現實意義的幾個命題加以討論，我們認為它是有利於科學發展的。

第一個命題是「性相近也，習相遠也」（《論語‧陽貨》）。性指人的先天稟賦（nature）；習指人的後天教養（nurture），包括教育和習染。人的先天本性是善還是惡，孔子沒有說，孔子只是說，人在道德上和知識上的重大差異，是後天教育和學習的結果。這一點很重要，是他的全部教育理論和實踐活動的認識論基礎。根據這一理論，他認為每個人都可以，而且應該通過教育接受良好的影響，在道德和知識上得到提高，成為德才兼備的君子；即使受有不良習染的人，在經過「循循善誘」以後，也有可能變好。在孔子眼裡，君子和小人的區別不是天生下來就有的，不決定於出身的貴賤、財富占有的多寡和職位的高低，唯一的差別是品德的修養，所以他經常把君子和小人兩個概念拿來對比，進行教育，勸人向上。例如，「君子喻於義，小人喻於利」（《論語‧里仁》），「君子周而不比，小人比而不周」（《論語‧為政》）等等。他辨學的目的，不僅僅是教書和傳授知識，更重要的是教人，要把學生培養成為具有君子品格的德才兼備的人材。

第二個命題是「有教無類」（《論語・衛靈公》）。按照梁代皇侃《論語義疏》的解釋即是：「人乃有貴賤，宜同資教，不可因其種類庶鄙而不教之也。教之則善，本無類也。」但是有人抓住孔子在《論語・述而》篇中的另一句話「自行束修以上，吾未嘗無誨焉」，認為必須給孔子送十五斤乾肉脯，才能做孔子的學生，這樣就有個財產限制，並不是人人都能受教育。這個看法從漢代孔安國起即有，但當時已被人反駁，認為「束修」是指年齡限制，即年齡要在十五歲以上，而不是禮品限制。我們可以從孔門有些弟子的窮相，看出孔子招收弟子是不受貴賤和貧富限制的。如顏回「一簞食，一瓢飲，居陋巷，人不堪其憂，回也不改其樂」（《論語・雍也》）；如原憲「居魯，環堵之室，茨以生草；蓬戶不完，桑以為樞；而瓮牖二室，褐以為寒，上漏下濕，匡坐而弦歌」（《莊子・讓王》）；如仲弓其父為「賤人」，家「無置錐之地」（《荀子・非十二子》）。能接收這樣多窮人進行教育，不要說在兩千四百多年以前，就是在今天，也是一件了不起的事。

第三個命題是「生而知之者上也；學而知之者次也；困而知之又其次也；困而不學，斯為下焉矣」（《論語・季氏》）。這段話是孔子因材施教的理論基礎。孔子雖把人的智力分為三類，但第一類「生而知之者」只是虛懸一格，事實上並不存在。遍查《論語》全書中出現的人物，與孔門問答或為孔門所稱述或批評者，共一百六十七人。從未許任何人為生而知之者，就連他自己也說「我非生而知之者，好古敏以求之者也」（《論語・述而》）。再從孔子的另一句話「中人以上可以語上也，中人以下不可以語上也」（《論語・雍也》），也可以看出，在實踐中他是把人的智力分為兩類的，至於困而不學，自暴自棄，那是另一回事。在有了這一認識以後，就要去了解每一個學生的智慧、能力和興趣，如「子謂子貢曰：『汝與回也孰愈？』對曰：『賜也何敢望回！回也聞一以知十，賜也聞一以知二』」（《論語・公冶長》）；然後就可根據不同對象，因材施教。

第四個命題是「不憤不啟，不悱不發，舉一隅，不以三隅反，則不復也」（《論語・述而》）。這就是說，教育學生不能滿堂灌，在教的同時要鼓勵他獨立思考，思考後仍得不到要領，再去開導他；要在他想要說出自己的意見而又說不出來時，再幫他說出來；要使學生舉一反三，觸類旁通，如果給他指明一個方向，他還說不出其他三個方向，那也就不必再教下去了。孔子的這一論點，旨在反對只顧講授不問效果的教學方法，積極培養學生的主動性和創造性，對於培養科研人員是一個很好的方法。

孔子的治學態度和思想方法

孔子首先承認自己「非生而知之者」，需要「學而不厭」，並且以此為榮。據《論語・述而》篇記載：「葉公問孔子於子路，子路不對。子曰：『汝奚不曰，其為人也，發憤忘食，樂以忘憂，不知老之將至云爾。』」孔子還說：「十室之邑，必有忠信如丘者焉，不如丘之好學也。」（《論語・公冶長》）

在做學問的態度上，孔子主張不搞道聽途說，「道聽而途說，德之棄也」（《論語・陽貨》），要「多聞闕疑」、「多見闕殆」（《論語・為政》），凡事要問一個為什麼，對於不可靠的要棄而捨之；同時，又要實事求是，「知之為知之，不知為不知」（《論語・為政》），不可強不知以為知；知道自己不知道，也是一種知道（「是知也」）。

如何取得知識？首先是吸收前人的經驗，向書本學習。《論語》開頭第一句就是「子曰：學而時習之，不亦樂乎！」但是，光憑這個還不夠，還得在實踐中學習，從日常生活中學習。據《論語・八佾》篇記載「子入太廟，每事問」，孔子自己也說：「敏而好學，不恥下問。」

（《論語・公冶長》）孔子不僅勤於提出問題，而且要把別人的回答記下來，仔細琢磨，以求弄懂、弄通，用他自己的話來說，就是「默而識之」（《論語・述而》）。

多聞、多見、多學、多問，這是人們取得知識的第一步，但還不是重要的一步，孔子說：「多聞擇其善者而從之，多見而識之，知之次也」（《論語・述而》）。孔子把這一步，叫做「學」，還有一步叫做「思」。他說：「學而不思則罔，思而不學則殆。」（《論語・為政》）就是說，光學習，不思考，就罔然無所得；光思考，不學習，也殆然無所得。孔子一次和子貢談話時說：「賜也，汝以予為多學而識之者歟？」對曰：「然，非歟？」曰：「非也，予一以貫之。」（《論語・衛靈公》）即孔子不承認博聞強記是他的目的，而認為融會貫通，把各種事物聯繫起來，發現隱在其中的普遍規律才是他做學問的目的。

在這裡，孔子雖然沒有用「演繹」這個名詞，但這種「一以貫之」的推理方法屬於演繹法，符合知識論的邏輯。此外，孔子還懂得用辯證邏輯來進行推理，他說：

> 吾有知乎哉？無知也。有鄙夫問於我，空空如也。我扣其兩端而竭焉。（《論語・子罕》）

在這段關於知識論的談話中，孔子自認為「無知」，對許多問題也常空無所答，於是採用「扣其兩端而竭」的方法來追尋答案，那就是利用一問題的各種對立觀點，盡其中之矛盾關係進行分析，以求得正確的解答。孔子的這段論述與蘇格拉底的不以智者自命和採用「詰問」方式除非求正的方法類似，均屬於辯證邏輯體系，但比較具體。孔子的這個方法，對中國文化具有深刻的影響，在漢語構詞中常常運用，如用「冷」與「熱」兩個極端相對的概念構成「冷熱」一詞來表達溫度概念。在現代科學中，這更是常用的一種方法。例如天文學，著重研究的是處在兩極端的物質：一端是超高密、超高壓物質，如白矮星、中子星、黑洞等，一端是極稀薄的氣體星雲，星際介質等，把這兩極端的天體搞清楚以後，對一般天體的演化規律也就容易了解了。

孔子的政治理想與為政之道

孔子以懷古的方式憧憬未來，把傳說中的堯舜時代加以美化，認為這是人類社會的最高理想。《禮記·禮運》篇中引孔子的話說：

大道之行也，天下為公。選賢與能，講信修睦，故人不獨親其親，不獨子其子，使老有所終，壯有所用，幼有所長，矜寡孤獨廢疾者皆有所養。男有分，女有歸。貨，惡其棄於地也，不必藏於己；力，惡其不出於身也，不必為己。是故謀閉而不興，盜竊亂賊而不作，故外戶而不閉，是謂大同。

有人認為，《禮記・禮運》篇晚出，此段文字雖標有孔子曰，但不一定是孔子的話，不能代表孔子的思想。我們認為，這段話恰恰是孔子政治思想的完整體現。這段話的中心內容是：「天下為公」，而要做到天下為公，就必須「選賢與能，講信修睦」。這些內容在《論語》裡都有反映。

首先，《論語・泰伯》篇裡有：子曰：「大哉堯之為君也，巍巍乎唯天為大，唯堯則之。」意思是說堯作為國君，風格高尚，能以天（自然）為法則。天是大公無私的，堯也和天一樣大公無私，把國家當作公產。同一篇中又說：「巍巍乎舜之有天下也而不與焉。」即是說舜治天下，毫不為己。

〈泰伯〉篇接著又有：「舜有臣五人而天下治。孔子曰：『才難！不其然乎？唐虞之際，於斯為盛。』」孔子認為人才難得，舜有五位能人輔政，而天下大治。當他的弟子子游（言偃）做了武城宰以後，孔子見面問他的第一句話就是你發現了人才沒有？（《論語・雍也》：「汝得人焉耳乎？」）他的另一弟子仲弓作了季氏宰以後來問他如何為政，他說：「先有司，赦小過，舉賢才。」仲弓又問怎樣舉賢才，孔子回答說：「舉爾所知；爾所不知，人其舍諸？」（《論語・子路》）意思是說，選用你所知道的；你所不知道的，別人也就會推荐給你了。孔子選人的標準是極其嚴格的，他說：「眾惡之，必察焉；眾好之，必察焉。」（《論語・衛靈公》）蓋眾惡之人可能為特立獨行之士，而眾好之人可能為好好先生，所以必須嚴格審查。

有人說，孔子的「舉賢才」只是限於挑選君以下的各層官吏，君的地位則至為尊貴，臣子和庶民一定要對君盡忠遵禮，否則就是不仁。我們認為，孔子是有忠君思想，這是時代的局限，但孔子的忠是有條件的。當子路問事君時，他說：「勿欺也，而犯之。」（《論語・憲問》）又說：「事君，敬其事，而後食（其祿）。」（《論語・衛靈公》）這些話就是說：在原則問題上絕不隱瞞自己的觀點，要敢於向皇帝提意見，即使被罷官也在所不惜。「齊景公問政於孔子，孔子對曰：『君君、臣臣、父父、子子。』」孔子這句話中，第一個「君」字指為君的個人，是名詞，第二個「君」字指為君的行為準則，代表君道，是動詞。「君君」

就是說凡為君者都要使自己行為符合君道，如果不是這樣，那臣也就可以不符合臣道，可以起來造反，故孔子在《春秋》中將三十六個君主被殺的事件區別對待，用「弒」代表殺者有罪，用「殺」代表殺得合理。

至於什麼是君道？那就是「為政以德」（《論語・為政》）和「無為而治」（《論語・衛靈公》）。「季康子問政於孔子，曰：『如殺無道，以就有道，何如？』孔子對曰：『子為政，焉用殺？子欲善，而民善矣！君子之德風，小人之德草，草上之風必偃。』」（《論語・顏淵》）孔子又說：「其身正，不令而行；其身不正，雖令不從。」（《論語・子路》）可見孔子為政的辦法是要求領導者以身作則，影響人民大眾，並且取信於民。「子貢問政，子曰：『足食，足兵，民信之矣。』子貢曰：『必不得已而去，於斯三者何先？』曰：『去兵。』子貢曰：『必不得已而去，於斯二者何先？』曰：『去食。自古皆有死，民無信不立。』」（《論語・顏淵》）孔子不但要領導者「言必信，行必果」，取信於民，就是一般人之間來往，也得講信用，他說：「人而無信，不知其可也，大車無輗、小車無軏，其何以行之哉？」（《論語・為政》）這不是《禮記・禮運》篇中「講信修睦」的具體化嗎？

選賢與能，講信修睦，為政以德，齊之以禮，無為而治，再加上「均無貧」（《論語・季氏》）的經濟政策（《論語・子路》），其結果必然是「老者安之，朋友信之，少者懷之」（《論語・公冶長》），一個公平、公正、公道的大同世界。這就是孔子的政治理想。

孔子思想和科技關係的分析，對一些非難之答駁

從以上的分析，我們看不出孔子的言行對科技發展有任何妨礙作用。在孔子生活的時代，科學還沒有形成專門知識，科學技術還未形成社會生產力，「科學」一詞還沒有出現，人們對自然現象的認識還處在萌芽階段，對自然知識方面的教育尚未系統的展開。有人不顧這一歷史條件，超越了時代批評孔子，說《論語》中只把自然現象拿來進行政治道德說教，沒有把這些科學知識加以系統化進行研究，進行教育，因而導致中國沒有出現「為科學而科學」的學術傳統，妨礙了中國科學的發展。如果這個批評能成立的話，那麼在孔子之後的蘇格拉底和柏拉圖，更偏重於道德和倫理方面的教育，豈不也阻礙了西方科學的發展？

又有人從《論語》中找出了孔子一段話，認為是孔子反對科學和農業生產的鐵證。這段話是：

樊遲請學稼。子曰：「吾不如老農。」請學為圃。曰：「吾不如老圃。」樊遲出。子曰：「小人哉！樊須也。上好禮，則民莫敢不敬；上好義，則民莫敢不服；上好信，則民莫敢不用情。夫如斯，則四方之民襁負其子而至矣，焉用稼。」（《論語．子路》）

最近，薄樹人正確地指出：「這段故事反映的是孔子對自己的治國之道充滿信心，認為只要實行了這個道（仁、義、信），人民就會四方來歸，根本用不到自己去種莊稼。它並不能說明孔子本人反對農業技術。反之，如果孔子反對農業技術，對農業技術全然無知，他的弟子也不會去向他請教學稼、學圃的。」① 接著，薄樹人還舉了一個旁證，來說明孔子是懂得許多下層人民的技藝的，那就是《論語．子罕》中的：

大宰問於子貢曰：「夫子聖者歟？何其多能也。」子貢曰：「固天縱之將聖，又多能也。」子聞之，曰：「大宰知我乎！吾少也賤，故多能鄙事。君子多乎哉？不多也。」

①薄樹人：〈試談孔孟的科技知識和儒家的科技政策〉，《自然科學史研究》，一九八八年七卷四期，頁二九七—三〇四。

由此可見，孔子對「鄙事」毫無輕視之意；相反，他認為「多能鄙事」是有價值的。

我們這裡還可以補充兩個例子，說明孔子不但不反對農業生產，而且非常重視農業生產。一是《論語・學而》篇有：

> 子曰：「道千乘之國，敬事而信，節用而愛人，使民以時。」

這裡的「使民以時」即不誤農時。一是《論語・憲問》篇有：

> 南宮适問於孔子曰：「羿善射，奡盪舟，俱不得其死然。禹稷躬稼而有天下。」夫子不答。南宮适出，子曰：「君子哉若人，尚德哉若人。」

南宮适舉羿、奡憑藉武力，終歸失敗；禹稷致力於溝洫耕稼而有天下，蓋以其功德在民。孔子讚美其為君子，為尚德之人。由此可見，孔子不叫樊遲學稼、學圃，是就社會分工而言，並不是一般地反對農業生產。我們應該承認，社會分工是一個進步，到了孔子那個時代，作為一個政治家，已經不需要親自去耕田種菜了。

又有人抓住孔子的一句話「君子不器」（《論語・為政》），來批評孔子不重視手工業生產。這又是一個誤解。這句話照字面理解，當然是君子不做工具，但並非要人們不製造生產工具，而是要人們有自己獨立的人格與思想，不做人云亦云的馴服工具。孔子完全了解「器」在生產上的重要性和手工業生產的重要性。第一，眾所周知，孔子說過：「工欲善其事，必先利其器。」（《論語・衛靈公》）第二，《中庸》內引有孔子認為治國應該抓的九件大事（「九經」），其中之一即「來百工也」，「來百工則財用具」。

李約瑟在《中國科學技術史》第二卷中又抓住《論語・述而》篇中「子不語怪、力、亂、神」一句話，並把力解釋為「自然界異常力的表現」，從而斷定孔子的這個原則妨礙了科學的發展。他在指出異常現象對認識自然的重要性以後，對孔子的這句話作了如下的批評：

> **孔子不願討論這類似乎與社會問題無關的奇異自然現象。兩千年來的儒家均以他為榜樣，令道家與技術家們失望。②**

---

②李約瑟：《中國科學技術史》第二卷（一九九〇年北京中譯本），頁一五。Joseph Needham, *Chience and civilization in China*, Vof1.2, p.15, Cambridge Univ. Press, 1980.

我們感到很遺憾，李約瑟在這裡把是非弄顛倒了，真所謂「智者千慮，必有一失」。「子不語怪力亂神」並不是孔子不注意自然界的奇異現象，而是不用神怪等超自然的力量來解釋這些現象，我們有《春秋》和《左傳》中的事實為證。孔子編著《春秋》，系統地紀錄了三十七次日蝕，未加一句占語，這在西元前的著作中可以說獨樹一幟，絕無僅有，並為以後的史書中必然包括天象紀錄，做出了榜樣，其意義是非常深遠的。《左傳》中有多次孔子稱贊不用迷信解釋奇異現象的紀錄，今舉一例，「哀公六年（西元前四八九年）秋七月」有以下記載：

> 是歲也，有雲如眾赤鳥，夾日以飛，三日。楚子使問諸周大史。周大史曰：「其當王身乎！若祭之，可移于令尹、司馬。」王曰：「除腹心之疾，而置之股肱，何益？」遂弗祭。初，昭王有疾，卜曰：「河為祟。」王弗祭。大夫請祭諸郊。王曰：「三代命祀，祭不越望，……河非所獲罪也。」遂弗祭。孔子曰：「楚王知大道矣，其不失國也，宜哉！」

這裡的大道可能是「天道」之誤。孔子曾說「無為而物成，是天道也！」（《禮記・哀公問》）。孔子借此告訴人們，只要按照「天道」（即自然界的規律）辦事，就能把國家治理好，並不需要搞什麼迷信活動。關於這一點，就連一貫反孔的魯迅也稱贊「孔丘先生確是偉大，生在巫鬼勢力如此旺盛的時代，偏不肯隨俗談鬼神」（《魯迅全集》卷一，頁二九六）。

又有人說，孔子為學不像柏拉圖與蘇格拉底那樣注重辯論，這對科學在中國的發展起了抑制性的作用。他們舉的例子是《論語．述而》篇的：

子曰：「吾與回言終日，不違如愚。退而省其私，亦足以發，回也不愚。」

把這段話譯成白話文就是：「我和顏回終日言談，他唯唯諾諾，好像愚昧無知的樣子；但在日常生活中察其言語行為，發現他並不笨。」這段話並沒有稱贊顏回，只是說顏回對他講的東西不置可否，好像不懂的樣子，但在進一步考察時，知覺他是懂得的。事實上，孔子對這種「不違」的態度並不滿意，在《論語》中就有直接的批評：

子曰：「回也，非助我者也，於吾言無所不悅。」（〈先進〉）

由此可見，顏回雖然是孔子最得意門生，孔子對他這種不發表意見的辦法是不滿意的。孔子提倡的「和而不同」，就是主張不同意見的爭論。據《左傳》記載，孔子三十歲那年，即魯昭公二十年（西元前五二二年）十二月，齊景公問晏子，什麼是和？什麼是同？晏子回答說：譬如廚師作湯，有魚、有肉、有水、有各種作料，再加上火力烹調，這就是「和」；水中加水就是「同」；「君臣亦然，君所謂可而有否焉，臣獻其否，以成其可；君所謂否而有可焉，臣獻其可，以去其否。是以政平而不干，民無爭心」。所謂同，就是「君謂可，臣亦曰可；君謂否，臣亦曰否。若以水濟水，誰能食之。若琴瑟之專一，誰能聽之。同之不可也如是」。

孔子不但主張「和而不同」，反對一言堂；而且以身作則，善於接受別人意見。《論語》中記載有三次子路很不客氣地批評孔子，孔子都能正確對待：

第一次在魯定公八年（西元前五〇二年），「公山弗擾以費叛。召，子欲往。子路不悅」。孔子做了解釋以後，未去（《論語・陽貨》）。

第二次在魯定公十四年（西元前四九六年），孔子晉見衛靈公夫人南子，子路不悅，孔子發誓說：「予所否者，天厭之！天厭之！」（《論語・雍也》）

第三次在魯哀公五年（西元前四九〇年），「佛肸召，子欲往」，子路反對，孔子做了許多解釋，甚至說：「吾豈匏瓜也哉，焉能系而不食。」但最後還是接受了批評，沒有去。

孔子不但能接受善意的批評，就是對惡意的諷刺、挖苦，也能泰然處之，真正做到了「言者無罪，聞者足戒」。據《史記・孔子世家》記載：「孔子適鄭，與弟子相失，孔子獨立郭東門。鄭人或謂子貢曰：『東門有人，……纍纍若喪家之狗。』子貢以實告孔子。孔子欣然笑曰：『形狀，末也；而謂似喪家之狗，然哉！然哉！』」

仁是孔子社會行為的最高準繩，仁之所在就是對老師也不必謙讓，「當仁不讓於師」（《論語・衛靈公》），這是何等的進取精神！《論語・衛靈公》中孔子的另一句話：「君子矜而不爭。」指的是不爭利、不爭功，並不是不爭論。當然，在爭論時也得有一定的道德準繩，於是孔子又提出了四條應該注意的事情，那就是：

子絕四：毋意，毋必，毋固，毋我。（《論語・子罕》）

這就是說在爭論時要不主觀、不武斷、不固執、不自私。我們相信，按照這四條原則進行學術爭論，既可以發展科學，又可以不傷和氣，是一條行之有效的辦法。

簡短的結論

從以上的分析可以看出，孔子的言行對科學的發展不但無害，而且是有益的。十三世紀以前，中國科學技術在世界上的領先地位是有多種原因造成的，孔子思想中的這些有益成分也是其中之一。近三百年來的落後，是這段時期內的政治、經濟、文化諸因素造成的，不能歸因於二千四百年前的孔子。再說得廣一點，近代科學在歐洲興起，和他們有希臘文化沒有多大關係；中國近代科學落後，並不是因為中國有孔子。

這個結論，肯定有人不同意。希望通過研究，通過爭論，得到進一步的認識。

後記：這篇演講是程貞一先生和我合寫的一篇論文的節要，全文將刊於《中國圖書文史論集》（錢存訓先生八十生日紀念），台北正中書局和北京現代出版社同時出版，一九九二年。

下篇　天文學史

第五講 天文學在中國傳統文化中的地位

各種文化典籍中有豐富的天文學內容

翻開世界文化史的第一頁，天文學就占有顯著的地位。巴比倫的泥磚、埃及的金字塔，都是歷史的見證。在中國，河南安陽殷墟出土的甲骨文中，已有豐富的天文紀錄，表明西元前十四世紀時，天文學已很發達。明末顧炎武（一六一三—一六八二年）在《日知錄》裡說：夏、商、周「三代以上，人人皆知天文。七月流火，農夫之辭也。三星在戶，婦人之語也。

月離於畢，戍卒之作也。龍尾伏辰，兒童之謠也。」在中國文明的搖籃時期，天文學知識已普及到農民、士卒、婦女、兒童，顧炎武這樣說是有典有據的。「龍尾伏辰」見《國語・晉語》，「七月流火」、「三星在戶」和「月離於畢」源於《詩經》的〈七月〉、〈綢繆〉和〈漸漸之石〉三篇。

《詩經》是我國最早的一部詩歌總集，它匯集了西周初年（西元前一一〇〇年左右）到春秋前期（西元前六〇〇年左右）五百多年間的三〇五篇作品，反映了當時各階層的思想文化。因為孔子對它進行過加工整理，就被認為是儒家的重要經典。此書中有不少膾炙人口的天文學句子，清人洪亮吉（一七四六—一八〇九年）有《毛詩天文考》一卷，最新的研究則有劉金沂（一九四二—一九八七年）和王勝利合寫的文章〈詩經中的天文學知識〉①。

《詩》、《書》、《易》、《禮》、《春秋》，自漢代起被認為是儒家的五部重要經典，合稱「五經」，為中國古代每個知識分子的必讀書。而在這些書中，就有很多天文學內容。

①劉金沂、王勝利：〈詩經中的天文學知識〉，《科技史文集》第十輯，頁一—八，上海科技出版社，一九八三年。

《書》原名《尚書》，或稱《書經》，它的第一篇〈堯典〉關於天文的內容占了總篇幅的五分之二，竺可楨（一八九〇—一九七四年）的〈論以歲差定《尚書·堯典》四仲中星的年代〉是近人研究它的著名之作②。這些經書中的天文學內容，歷來研究者多得不可勝數，《十三經注疏》中就匯集得不少，宋代王應麟（一二二三—一二九六年）有《六經天文編》、清代雷學淇有《古經天象考》等等。這裡只從文化史的角度，介紹一點影響我國古代天文學發展方向的材料。

《尚書·堯典》云：「乃命羲和，欽若昊天，曆象日月星辰，敬授人時。」這就是說，要求於天文學家的是觀察日月星辰，告訴人們曆法和時間。「天文」一詞，首見於《易》經。《易·賁卦·象辭》有「觀乎天文，以察時變」，《易·繫辭》也說：「天垂象，見吉凶。」「仰以觀於天文，俯以察於地理，是故知幽明之故。」這就是說，天象的變異，象徵著人事的更迭禍福，天人之間有一種感應關係，天象觀察可以預卜人間吉凶福禍，從而為統治者提出趨吉避凶的措施。中國傳統文化中的天文學正是沿著這兩部經書中所規定的路線前進的：

②《竺可楨文集》，頁一〇〇—一〇七，北京：科學出版社，一九七九年。

一條是制定曆法，敬授人時；一條是觀測天象，預卜吉凶。所以中國古代便將天文學稱為曆象之學。

中國古代主管曆象之學的官吏叫太史或太史令。張衡（七八─一三九年）曾兩次擔任太史令，先後共十四年。起初，太史的職責很多，除天文工作外，還有㈠祭祀時向神禱告；㈡為皇室的婚喪嫁娶和朝廷的各種典禮選擇吉日良辰；㈢策命諸侯卿大夫；㈣記載史事和編寫史書；㈤起草文件；㈥掌管氏族譜系和圖書。可以說：「是一個混合宗教祭祀、卜筮、天文觀測與資料紀錄的綜合體。設立天文機構的目的是透過對過去的事件與自然徵兆的了解，以達到對未來的掌握。」③其後，隨著時間的推移，有些帶迷信色彩的職能逐漸消失，有些職能逐漸分開，不同的工作由不同的官員去負責，如天文觀測和史書編寫職能的分開，是到魏晉以後才實現的。編纂中國第一部正統歷史書的司馬遷，就出身於天文世家。正因如此，他才能在《史記》中寫出〈曆書〉和〈天官書〉，總結出當時和以前的天文學成就，並為後世所師法。從《史記》開始的二十四史中，將天文、曆法設專章敘述的凡十七史，占三分之二以

---

③劉昭民：《中華天文學發展史》，頁二〇，臺北：商務印書館，一九八五年。

上。就是不設專章的史書中，在本紀等篇章中也還有不少的天文記事，這一優良傳統使我國天文學記載連綿不斷，保存了豐富的天象紀錄，為當代的天文學研究提供了許多有用的資料。

由於正史中多設有天文曆法專章，其他的史書也就都很注意收錄天文方面的內容，如《續資治通鑒長編》就對一〇五四年超新星作了詳盡的記錄。《明實錄》、《清實錄》和八千多種地方志中都有大量天文資料，而馬端臨（約一二五四－一三二三年）《文獻通考》中的〈象緯考〉則首次集中了中國古代的各種天象紀錄，成為西方漢學家和天文學家經常引用的資料來源，法國畢沃、英國威廉·赫歇耳、德國洪堡、瑞典倫德馬克都曾利用過。

按照經、史、子、集分類，天文學的專門著作隸屬於子部天文算法類，在清代《四庫全書總目提要》中著錄和存目的共五十四部，在一九五六年出版的《四部總錄天文編》中所收共約百部。但中國的天文學專著，並不限於此數，前述二十四史中的天文、律曆諸志，也可以當作專門著作看待。子部其他類中也有大量的天文學內容，《莊子·天運》、《荀子·天論》、《呂氏春秋》十二紀、《淮南子·天文訓》都是有名的篇章；術數類的《乙巳占》和《開元占經》等更是天文資料的大匯集；就是看來與天文學毫不相關的《蟹譜》（一〇五九年），竟引有《釋典》云「十二星宮有巨蟹焉」從而證明巴比倫的黃道十二宮知識在宋代已很普及。

集部是文學作品，但中國古代用文學形式反映科學內容的也不少，張衡的〈思玄賦〉就是一篇很好的科學幻想詩，幻想飛出太陽系之外，遨遊於星際空間，有關段落今請鄭文光翻譯如下（引號內均為星名）：

我走出清幽幽的「紫微宮」，到達明亮寬敞的「太微垣」；讓「王良」驅趕著「駿馬」，從高高的「閣道」上跨越揚鞭！我編織了密密的「獵網」，巡狩在「天苑」的森林裡面；張開「巨弓」瞄準了，要射殺嶓冢山上的「惡狼」！我在「北落」那兒觀察森嚴的「壁壘」，便把「河鼓」敲得咚咚直響；款款地登上了「天潢」之舟，在浩瀚的銀河中游蕩；站在「北斗」的末梢回過頭來，看到日月五星正在不斷地回旋。

這首〈思玄賦〉被後人收集在張衡的詩文集《張河間集》中，明末清初的天文學家王錫闡（一六二八—一六八二年）有《王曉庵先生詩文集》，清中葉女天文學家王貞儀（一七六八—一七九七年）有《德風亭文集》。就是在非天文學家的作品中，也不乏天文學內容，《楚辭》就是一個很好的例證。屈原（西元前三四〇—前二七八年）〈天問〉的開頭關於宇宙結構和天地演化的提問是那麼深刻，成為中國天文學史必寫的篇章。明代戲曲作家張鳳翼（一五二七—一六一三年）的《處實堂集》中有一首詩描寫了一五七二年仙后座出現的超新星（即第谷新星）。古代天文僅憑肉眼觀測就可做出成績，文理不分是常事。

類書是把不同書中同一性質的內容匯集在一起，類似於現在的百科全書，也屬於子部，但它的規模太大，也有人把它單列的。現存最早的類書出現在唐代，有《北堂書鈔》、《藝文類聚》、《初學記》三部，每部都把天文學的內容排在首位，宋代的《太平御覽》（一千卷）也是如此，影響所及，一九七八年決定出版《中國大百科全書》時，也是《天文學》卷先出。現存類書最大者為清代編的《古今圖書集成》，全書共一萬卷，分六編，三十二典，第一編即「曆象」，包括〈乾象典〉一〇〇卷、〈歲功典〉一一六卷、〈曆法典〉一四〇卷、〈庶徵典〉一八八卷，囊括了歷代的天文學資料，使人查找起來極為方便。

叢書即編印各種單獨著作而冠以總名，開始於南宋。原來放在子部雜家類，後來因刊刻的太多了，又單獨畫出，另列一「叢部」。叢部內各子目又按經、史、子、集分，如《四部備要》、《四部叢刊》。商務印書館出版的《叢書集成》，收進叢書一〇〇部，書四千多種，許多天文書，如《乙巳占》、《新儀象法要》、《曉庵新法》等均在其中，清末劉鐸曾擬編刊《古今算學叢書》，這部叢書包括數學、天文學、物理學、化學、工藝等書，但是刻印成書的只有數學部分。

在自然科學各學科中，天文學具有特殊的地位

現在讓我們從學科分類的角度來看一看天文學在中國傳統文化中的地位。

在中國傳統文化中，最發達的學科是文、史、哲，屬於自然科學的有農、醫、天、算四門。在這四門自然科學中，天文學又具有一種特殊的地位。古代中國人出於將宇宙萬物看作不可分割的整體的有機自然觀，認為所有事物是統一的，彼此可以感應，天人之間也是如此，天與人的關係並不單純是天作用於人，人只能聽天由命；人的行為，特別是帝王的行為或政治措施也會作用於天。皇帝受命於天來教養和統治人民，他若違背了天的意志，天就要通過出現奇異現象來提出警告；皇帝如再執迷不悟，天就要降更大的災禍，甚至另行安排代理人，這樣，天就具有自然和人格神的雙重意義，天文觀測，特別是奇異天象的觀測，就不單純是了解自然，還具有更重要的政治目的，天文工作也就成為政府工作的一部分了。大約在西元前二〇〇〇年，就有了天文臺的設置，到秦始皇的時候，皇家天文臺的工作人員就有三百多

（見《史記・秦始皇本紀》）。中國皇家天文臺不但規模宏大，而且持續時間之久，也是舉世無雙，正如日本學者藪內清所說：「在歐洲，國立天文臺十七世紀末才出現。在伊斯蘭世界，一個天文臺的存在沒有超過三百年的，它常常是隨著一個統治者的去世而衰落。唯獨在中國，皇家天文臺存在了幾千年，不因改朝換代而中斷。」④不僅如此，皇家天文臺的觀測儀器，做得那樣龐大和精美，也不單純是為了提高觀測的精確度，而是當作一種祭天的禮器來看待的，北京古觀象臺的那些儀器就都收印在《皇朝禮器圖說》中。

天文學在中國傳統文化中的這一獨特地位，被十六世紀末由義大利來華傳教的利馬竇（**Matteo Ricci, 1552-1610**年）一眼看穿，他說：「如果不看到天文學在遠東過分地具有社會的重要性和哲理的高深性，那就要犯錯誤。」⑤天文學在中國人心目中的特殊地位，一直持續到清末未變，這可用曾國藩（一八一一—一八七二年）的話來證明。曾國藩晚年在給他兒子曾紀

---

④藪內清：〈中國科學的傳統與特色〉，原載日本《中國の科學》（世界名著，續一），中譯見《科學與哲學》，一九八四年第一輯，頁六〇—七〇。

⑤**H. Bernard, *Matteo Ricci's Scientific Contribution to China*, p.54, Beijing, 1935.**

澤的信中表示，自己「生平有三恥」，第一恥就是「學問各途，皆略涉其涯涘，獨天文算學，毫無所知，雖恆星五緯，亦不識認」，殷殷叮囑，「爾若為克家之子，當思雪此三恥，推步算學，縱難通曉，恆星五緯，觀之尚易；……三者皆足彌吾之缺憾矣」⑥。

天文算學在中國古代總是相提並論，具有不可分割的聯繫。居於「算經十書」之首的《周髀算經》實際上是一部天文學著作，其餘的幾部中也有天文學內容，清末阮元（一七六四—一八四九年）編《疇人傳》也是將天文學家和數學家收集在一起，事實上，許多人既是天文學家，也是數學家。中國數學的許多進展都體現在曆法計算中，關於這一問題，一九八七年王渝生的博士論文《中國古代曆法計算中的數學方法》論之甚詳。這裡需要特別指出的是：中國古代由於幾何學不發達，在平面幾何中沒有引進角度概念，在直角三角形中只有線段與線段的計算關係，沒有邊與角的計算關係，因而關於行星位置的計算是用內插法，這與導源於希臘的西方天文學迥然不同。希臘由於幾何學發達，預告行星的位置是用幾何模型的方法：通過觀測建立模型，使模型可以解釋已知的觀測資料，然後用該模型計算已知天體的未來位

⑥《曾國藩教子書》，頁一一二，長沙：岳麓書社，一九八六年。

置並以新的觀測檢驗之，如不合則修改模型，如此反覆不已，以求完善。哥白尼和托勒密在日心地動問題上雖然針鋒相對，立場截然相反，但所用方法則一，其後第谷、開普勒也都用的是同一方法。幾何模型方法有助於人們思考和探索宇宙的物理圖象及其運動的物理機制，而從中國傳統文化中的代數學方法很難產生哥白尼的日心地動體系和開普勒的行星運動三定律。

農業生產對自然環境有極大的依賴性，俗話說：「靠天吃飯」。我們的祖先對人力、自然環境與農業生產的關係認識得很早，在春秋戰國時期就形成了系統的看法，即「天時、地宜、人力」觀。《呂氏春秋．審時篇》說：「夫稼，為之者人也，生之者地也，養之者天也。」《齊民要術．種穀篇》說：「順天時，量地利，則用力少而成功多，任情返道，勞而無獲。」所謂天時，即氣候。氣候的變化直接依賴於地球繞太陽公轉位置的變化，即太陽在天空中視位置的變化，在北半球，冬至時，日行最南，中午日影最長；夏至時，日行最北，中午日影最短。把日影最長的時刻（冬至）固定在十一月分，從冬至到冬至再分為二十四段，就得到二十四個節氣。這二十四節氣大體上就反映出一年當中氣溫和雨量的變化，給農業生產以告示。像「清明下種，穀雨插秧」這類諺語至今還流行於民間。為了建立二十四節氣系統，並使之精確化，中國古代形成了一整套的曆法工作，經久不衰，構成了中國傳統天文學的一個特點。《夏小正》、《禮記・月令》、《呂氏春秋》十二月紀、《淮南子・時則訓》，這些既是農業科學方面的著作，又是天文學方面的著作。

今天看來，天文學和醫學似乎沒有關係，但在古代並非如此。中世紀阿拉伯的醫生們在看病之前先要看天象，因此醫學家就必須懂得一些天文學知識。在中國西藏，直到今天，天文和醫學還是合設在一個機構中。奠定中醫理論基礎的《黃帝內經》就含有豐富的天文學內容，宋代沈括（一〇三一—一〇九五年）在《渾儀議》中說：「臣嘗讀黃帝素書：『立於午而面子，立於子而面午，至於自卯而望酉，自酉而望卯，皆曰北面。立於卯而負酉，立於酉而負卯，至於自午而望南，自子而望北，則皆曰南面。』臣始不諭其理，逮今思之，乃常以天中為北也。常以天中為北，則蓋以極星常居天中也。《素問》尤為善言天者。」（見《宋史・天文志㈠》）沈括所引這一段材料非常重要，說明了北極和天頂重合（即人在北極之下）時的現象，可以作為中國有地圓思想的一個例證，但今本《內經・素問》中找不到這段精采的話了，可能已經散失。關於《黃帝內經》中的天文學知識，南京大學的盧央有一篇文章詳細介紹，從宇宙理論，日月運動到行星顏色變化，無所不包⑦。《內經》強調「人以天地之氣

⑦盧央：〈黃帝內經中的天文曆法〉，《科技史文集》第十輯，頁一三七—一五〇，上海科技出版社，一九八三年。

生，四時之法成」，特別注意氣候變化對人體的影響，而決定氣候變化的主要因素是太陽的視運動，因而天文學和醫學就結下了不解之緣。

清秀的月光，閃爍的繁星，光芒萬丈的太陽，這些天文學家研究的對象，同時也受到文學藝術創作者的偏愛。我國已故天文學家戴文賽（一九一一——一九七九年）曾經打算把中國古典文學作品中有關天文的內容輯錄成書，題名《星月文學》出版，可惜他生前沒有完成這項宿願。何丙郁先生前幾年在臺北講〈科技史與文學〉⑧，也提到一些，這裡略作補充。屈原〈離騷〉開頭第二句「攝提貞於孟陬兮，惟庚寅吾以降」，就牽涉到天文學內容。晉朝張華詩中的「大儀斡運，天回地遊」，既包含了宇宙萬物都在不斷地運動變化，也包含著地動思想。在《唐詩三百首》裡，共收李白詩二十六首，其中有十三首提到月亮。「床前明月光，疑是地上霜，舉頭望明月，低頭思故鄉。」「明月出天山，蒼茫雲海間，長風幾萬里，吹渡玉門關。」這些家喻戶曉的詩篇，成了中國人民的一份寶貴的精神財富。杜甫有一首專寫銀河的詩：「常時任顯晦，秋至最分明。縱被微雲掩，終能永夜清。」宋代蘇東坡有一首〈夜

⑧何丙郁：〈科技史與文學〉，《第一屆科技史研討會彙刊》，頁一一二——一七，臺北，一九八六年。

行觀星〉的詩，談到恆星的命名問題：「天高夜氣嚴，列宿森就位。大星光相射，小星鬧如沸。天人不相干，嗟彼本何事；世人強相擿，一一立名字。南箕與北斗，乃是家人器；天亦豈有之，無乃遂自謂。迫觀知何如，使我常嘆喟。」到了宋元時期，出現了專門描寫天文機構和天文儀器的文學作品。北宋劉弇的《龍雲集》有一篇〈太史箴〉，描寫蘇頌水運儀象臺的運轉情況。元代楊桓的〈太史院銘〉和〈玲瓏儀銘〉等是研究元代天文學史的必讀文件。明清之際西方天文學傳入中國以後，對清代考據學的形成具有決定性的影響。梁啟超在《中國近三百年學術史》中說：「治科學能使人虛心，能使人靜氣，能使人忍耐努力，能使人忠實不欺。……曆算學所以能給好影響於清學全部者，亦即在此。」胡適也認為，考據學方法係當時學者受西洋天算學的影響而起。王力在《中國語言學史》中說得更明確：「明末西歐天文學已經傳入中國，江永、戴震都學過西歐天文學。一個人養成了科學頭腦，一理通，百理融，研究起小學來，也就比前人高一等。」於是他主張學中國文學的人，應該學天文學，在他主編的《古代漢語》中天文學占了大量篇幅。

天文學和歷史學的關係更加密切。研究一個歷史事件，首先要確定它發生的時間，對古代史來說，有時就很困難，經常需要借助天文學的方法來解決，所以年代學既是天文曆法的一個分支，又是歷史學的一門基礎課。例如，武王伐紂發生在那一年，眾說紛紜，莫衷一是，最早的可早到西元前一一二二年（漢代劉歆），最晚的可遲到西元前一〇二七年（今人陳夢家說），發生年代相差達九十五年。一九七八年張鈺哲（一九〇二—一九八六年）利用哈雷彗星軌道的演變定為西元前一〇五七年，屬於中期說⑨。又如，西周自武王至厲王共十個王，每個王在位多少年，都沒有定論。一九八〇年葛真發表〈用日食、月相來研究西周年代學〉一文，其中曾引用《竹書紀年》中「懿王元年天再旦于鄭」的記載，認為「再旦」是黎明時日帶食而出的一種現象，「鄭」在今陝西鳳翔到扶風一帶，從而利用奧泊爾子《日月食典》算出這可能是西元前九二五年或西元前八九九年發生的日環食⑩。最近彭瓞鈞等人利用電子計算機進行分析，結合表明，它只能屬於西元前八九九年四月二十一日的日環食⑪。這樣一

---

⑨張鈺哲：〈哈雷彗星的軌道演變的趨勢和它的古代歷史〉，《天文學報》十九卷一期，頁一〇九—一一八，一九七八年。

⑩葛真：〈用日食、月相來研究西周年代學〉，《貴州工學院學報》，一九八〇年二期，頁八一—一〇〇。

⑪Kevin D. Pang et al., "Computer Analysis of Some Ancient Chinese Sunrise Eclipse Records to Determine the Earth's Past Rotation Rate", *Vistas in Astronomy*, vol. 31, 1988.

來，周懿王元年即為西元前八九九年，從而為解決西周的年代問題提供了一個準確的點。

西周共和元年（西元前八四一年）以後，有了連續的紀年，歷史事件發生的年代不再成為大的問題，但發生在何月何日，對於春秋戰國時期來說仍有問題。《春秋》開頭第一句是：魯隱公「元年（西元前七二二年）春王正月」。朱熹（一一三〇—一二〇〇年）認為這就是一個千古不解的疑難。因為根據《左傳》的解釋是「春王周正月」，按周以含冬至，即今公曆的十二月二十一日前後的月分為正月，這正是最冷的時候，怎麼能叫做「春」？要麼是孔子以「行夏之時」為理想，而將夏曆的春冠在周之正月上了。再加上春秋時期如何安排大小月和閏月都不大清楚；同一事件，《左傳》所記月分有時與《春秋》又不一致，因而就有一系列問題需要研究，而史學界長期以來得不到一致的意見。漢太初元年（西元前一〇四年）以後，曆法有了明確的記載，但根據曆法所推算出來的曆本保存下來的不多，清末汪曰楨（一八一三—一八八二年）把清中葉以前每年每月的朔日和節氣的干支及閏月按歷代實行的曆法逐一推算出來，名曰《長術》，因為篇幅太大，出版時縮編為《長術輯要》，在此基礎上陳垣（一八八〇—一九七一年）編出《二十史朔閏表》和《中西回史日曆》，成為史學界必備的工具書，其作用有口皆碑。

一九七五年鄭文光和我合寫《中國歷史上的宇宙理論》，嚴敦傑先生看了以後提出一個問題：為什麼中國歷史上研究宇宙論的和研究曆法的是兩套人馬？我的回答是：曆法實用性大，技術性強，研究曆法的人不一定關心天是什麼，而哲學家必須回答這個問題。天是物質的，還是精神的？是沒有意志的自然界，還是有目的的上帝？是哲學家長期爭論的問題。例如董仲舒（西元前一七九—前一〇四年）認為天是有意志的。他說：「春氣暖者，天之所以愛而生之；秋氣清者，天之所以嚴而成之；夏氣溫者，天之所以樂而養之；冬氣寒者，天之所以哀而藏之。」（《春秋繁露・陽尊陰卑》）稍後的王充（約西元二七—九七年）則針鋒相對地說：「春觀萬生之生，秋觀其成，天地為之乎？物自然也。如謂天地為之，為之宜用手。天地安得萬萬千千手，並為萬萬千千物乎？」（《論衡・自然》）董仲舒和王充的說法都有片面性。董把春夏秋冬說成是天的情緒造成的，這固然不對；但王充的批駁也是擬人化的，且過於簡單，事實上，萬物生長靠太陽，與天還是有關係的。

古代哲學家關心的第二個問題是天人相與還是天人相分？是聽天由命還是人定勝天？天人相與是星占術的基礎，聽天由命的思想子夏表達得最清楚：「死生有命，富貴在天。」（《論語・顏淵》）天人相分和人定勝天的思想，以荀況為代表。《荀子・天論》開頭第一句就是「天行有常，不為堯存，不為桀亡。」接著又說：「強本而節用，則天不能貧；養備而動時，則天不能病；循道而不貳，則天不能禍。……故明於天人之分，則可謂至人矣。」又說：「日月之有食，風雨之不時，怪星之黨見，是無世而不常有之。上明而政平，則是雖並世起，無傷也；上暗而政險，則是雖無一至者，無益也。」

與天文學發展最有密切關係的是古代哲學家經常討論的第三個問題：宇宙本原是什麼？在中國是元氣說占優勢。《管子・內業篇》有「凡物之精，比則為生。下生五穀，上列為星；流於天地之間，謂之鬼神；藏於胸中，謂之聖人；是故名氣。杲乎如登於天，杳乎如入於淵，淖乎如在於海，卒乎如在於屺。」這段話的前半部分是說，物的精氣，結合起來就能生出萬物。後半部分是解釋氣的性質：有時是光明照耀，好像升在天上；有時是隱而不見，好像沒入深淵；有時滋潤柔和，好像在海裡；有時是高不可攀，好像在山上。關於元氣的性質，在《管子・心術（上）》中還有一段話說是：「動不見其形，施不見其得，萬物皆以得然。」這就是說，它可以小到看不見、摸不著，但可以在任何地方存在，也可以轉化成各種有形的具體的東西。這個元氣本體論，應用到宇宙論的各個方面，形成了中國天文學的又一特色，如《淮南子・天文訓》用來解釋天地的起源和演化問題，《內經・素問》用來解釋大地不墜不陷問題，宣夜說用來解釋天體運行問題。

與天文學發展關係密切的第四個哲學問題是陰陽五行思想。這個題目顯而易見，但是至今還沒有人做過系統的、深入的研究。當然還有第五、第六，……總之，中國雖然沒有像希臘柏拉圖（Plato，西元前四二七—前三四七年），那樣，明確提出「任何一種哲學要具有普遍性，必須包括一個關於宇宙性質的學說在內」⑫，但中國的哲學家還都是很關心天文問題的，有過不少議論，中國古代天文學的發展也深深地打上了中國傳統哲學的烙印。

天文學滲透到各種文化領域影響極廣

文化不僅僅是寫在書本上的東西，還滲透在人們的生活方式、思想意識和風俗習慣中，凝聚在人工物質中。從這方面來看，天文學在中國傳統文化中也極具重要性。

人們最簡單的生活方式就是「日出而作，日落而息」，由太陽在天空的視運動來規定作息

⑫轉引自斯蒂芬・F・梅森：《自然科學史》頁二一六，上海人民出版社，一九七七年。

時間。再精密一點，就要把一晝夜分為若干段，每段時間內幹什麼。中國古代分一晝夜為十二辰，又分為一百刻。十二辰用子、丑、寅、卯等十二支來代表。每一辰又分前後兩段，前段叫「初」，後段叫「正」。子初相當於現在的夜晚十一時，子正相當於夜晚十二時。怎樣測定這些時刻（「測時」），測定出來以後又如何用儀器表示出來（「守時」），又如何告訴各階層人士（「報時」），這就形成了一整套的天文工作，在有了無線電以後，又加上了第四步：「收時」（接收別人的報時信號來核校自己的測時結果）。中國古代的圭表和渾儀都具有測時功能，漏壺則是守時儀器，而各個城市報時的鐘樓、鼓樓則是天文工作者聯繫人民群眾的紐帶，「應卯」、「吃午飯」等這些常用語彙都和天文學有關。

在一天裡面，按時辰來安排作息，「幾點鐘？」「什麼時間？」已經成了人們的口頭禪，每天不知要說多少遍。但光有這個還不夠，日積月累，長時間的生產和生活安排就需要曆法。世界上沒有那一個民族是沒有曆法的。中國曆法具有兩個特殊性。一是科學內容多，除一般的曆日計算和安排外，還包括日月食和行星位置的計算，以及恆星觀測等，具有現代天文年曆的基本內容，二是迷信內容多，在通行的民用曆書中，包括大量迷信的「曆注」。打開一本黃曆，開頭是幾龍（辰）治水，幾人分丙，幾日得辛，幾牛（丑）耕田，太歲及諸神所在，年九宮等迷信內容，過了幾頁才是曆書的正文。正文分月逐日排列，每月開頭也還有一些迷信內容，每日下面列有宜忌事項，從舉官赴任、閱武練兵、建室修屋、喪葬嫁娶，到理髮、洗澡、剪手腳指甲，那一天可以做，那一天不可以做，都規定得清清楚楚。凡人每天做什麼事情，都得先查看曆書，而皇室天文學家的首要任務就是每年得編這樣一本科學和迷信相結合的生活指南。關於曆書中的各種宜忌事項，王充在《論衡·譏日篇》中就做過專門批判，但收效甚微，直至一九一一年辛亥革命以後才徹底廢除。

在民用曆書中，除了與太陽視位置有關的二十四節氣外，還有幾個傳統節日和幾個雜節，它們大多數也和天文有關。㈠春節，原來就是二十四節氣中的立春，一九一二年以後才固定到夏曆正月初一，這一天象徵著春回大地，萬象更新，天增歲月人增壽。㈡五月五日端陽節，表示陽氣始盛，天氣變熱。㈢七月七日乞巧節，也叫女兒節，婦女們在這天晚上用瓜果祭祀織女星，穿針乞巧。㈣八月十五中秋節，家家戶戶祭月、賞月、吃月餅。

所謂雜節是指伏、九、梅、臘。三伏包括初伏、中伏和末伏，是一年中最熱的季節。從夏至開始，依照干支紀日的排列，第三個庚日起為初伏，第四個庚日起為中伏，立秋後第一個庚日起為末伏。九九是一年中最冷的季節，從冬至日算起，每九天為一個九，共九九八十一天。「熱在三伏，冷在三九」。梅表示南方的黃梅天，此時陰雨連綿，空氣濕度很大，物品容易發霉，據《荊楚歲時記》：「芒種後壬日入梅，夏至後庚日出梅。」但各地略有不同。臘本是歲終祭神的一種祭祀名稱，選擇在冬至後某一日舉行，各個時代有所不同，今取《荊楚歲時記》中的記載，固定在十二月八日，大家吃臘八粥。

中國人批評一個人自高自大是「不知天高地厚」，這典故出自《詩・小雅・正月》篇。該篇中有「謂天蓋高，不敢不局；謂地蓋厚，不敢不蹐」，是利用蓋天說勸人做事要小心謹慎。在儒家經典中，利用天文現象來進行政治、道德說教的材料，為數很多。例如，《論語・為政》開頭第一句就是「子曰：為政以德，譬如北辰，居其所而眾星拱之。」又如，《論語・子張》篇有：「君子之過也，如日月之食焉。過也，人皆見之；更也，人皆仰之。」有過能改，等於無過，這也成了中國道德觀念的一個組成部分。

蓋天說不但被用來勸人小心謹慎，而且用來勸人安分守己。《易・繫辭（上）》說：「天尊地卑，乾坤定矣；卑高以陳，貴賤位矣。」這就是說人的社會地位是命定的，永世不能改變，只有「知足者常樂，能忍者自安」。

蓋天說既然能對維繫社會秩序和塑造人生觀起作用，所以當它與實踐發生矛盾時，就有人對它進行修正以適應新的形勢。單居離問孔子的弟子曾參：「如誠天圓而地方，則是四角之不掩也。」——半球形的天穹和方形的大地，怎麼能夠吻合呢？曾參回答說：「夫子曰：天道曰圓，地道曰方。」（《大戴禮記・曾子・天圓》）這裡加了一個道字，就把問題的性質變了，不再僅僅是討論宇宙結構，而且是在論道，因此不符合實際也行。再加上後來《呂氏春秋》一發揮，說「天道圓地道方，聖王法之所以立上下」。這樣一來，儘管在天文學領域後來渾天說取代了蓋天說，但在統治者的心目中，還要顯示天圓地方，甚至在製造渾天說的代表儀器——渾象的時候，也要用方形的櫃子象徵大地。此外，銅錢外圓內方，筷子一頭圓一頭方，北京天壇圓、地壇方，這些都是「天道圓，地道方」的象徵性模型。

天文學影響於建築的，絕不僅僅是天壇和地壇的形狀。在六千年前遺留下來的西安半坡村遺址中，有比較完整的房屋遺址四十六座，它們的門都是朝南的。這說明當時已經掌握了辨認方向的方法，而且知道蓋房朝南採光條件最好。而辨別方向只有觀看北極星，或者利用最原始的天文儀器——圭表。《考工記・匠人》裡說得很清楚，首先是平地，然後在地上立一竿子，並懸掛重物使竿子與地面垂直，再以竿子為中心在地上畫圓，然後白天看日影、晚上看北極星來測方向。所以古代進行建築施工的第一步，就離不開天文學。對於施工的季節，天文學上也有所反映。現在的飛馬座α、β、γ三顆星和仙女座α星所組成的正方形，中國最早叫營室，後來又分成室、壁二宿。《國語・周語》襄公引〈夏令〉曰：「營室方中，土功其始。」這就是說，立冬前後初昏，營室出現於正南方天空時，農忙已經過去，可以營室蓋屋了。至於那一天動工，那一天上樑，這在後來又要查看黃曆了。

天文學還影響到城市的布局。北京城南有天壇，城北有地壇，城東有日壇，城西有月壇。唐代的長安城，宮城分三部分，象徵天上的三垣：皇城的南門叫朱雀門，北門叫玄武門。前朱雀而後玄武，左青龍而右白虎。這個四象又是和天上的二十八宿相配的。根據一九七八年湖北隋縣曾侯乙墓出土的一個漆箱蓋子上的圖畫，知道至遲在西元前五世紀已把兩者配合起來了。至於那個出現得最早，歷來意見不一致。一九八七年在河南濮陽的一個仰韶文化遺址中，發現一個成年男性骨架的左右兩側，有用貝殼擺塑的龍虎圖像，最近用碳十四檢定結果，斷定是八千年前的遺物，從而把四象的起源往前推了約六千年，使得我們對許多問題得以重新認識⑬。

這四象又滲透到許多文化器物領域。西安西漢建築遺址出土的瓦當，在直徑不到二十公分的圓瓦上，塑造有昂首修尾的蒼龍，銜珠傲立的朱雀，張牙舞爪的白虎，龜蛇相纏的玄武，個個布局均勻，造型生動，線條簡潔，既有天文含意，又是一種建築裝飾。在漢唐時期的銅鏡上，有的刻四象，如漢代日利大前鏡、隋代仙山鏡、唐代四神鑑。有的既刻四象，又刻二十八宿，如現在保存在天津藝術博物館、湖南省博物館和美國自然史博物館的唐代二十八宿鏡，自內往外數第一圈為四象，第二圈為十二生肖，第三圈為八卦，第四圈為二十八宿，第五（最外）圈為銘文。

據《禮記．曲禮》載，古代行軍的時候，前面一隊的旗上畫朱雀，後面一隊的旗上畫玄武（龜蛇），左面一隊旗上畫青龍，右面一隊旗上畫白虎，中間一隊旗上畫北斗星。龜有甲，蛇有毒，鳥能飛，龍騰虎躍，此五獸配合作戰，將守必固，攻必克。這也是一種實用心理學，

⑬濮陽市文物管理委員會等：〈濮陽西水坡遺址發掘簡報〉，《華夏考古》一九八八年一期，頁一—四。又，馮時：〈河南濮陽西水坡四十五號墓的天文學研究〉，《文物》一九九〇年三期，頁五七—五九。

用這些圖像來鼓舞士氣，使他們能像龍虎一樣，奮勇作戰。這種辦法後來愈演愈烈。明代何汝賓的《兵錄》裡還列出二十八宿的神名，例如東方七宿的主將是黃公政，其中角宿的神是角木蛟李真。將各宿的圖像畫在旗上，凡出兵，日所輪宿勝，即以此旗領軍。

在迷信盛行的時代，天文學和軍事的關係，遠不止打旗布陣這一點，更重要的是進行軍事行動以前，先要仰觀天象，進行占卜。《三國演義》裡就有許多夜觀天象的故事，諸葛亮上通天文，下知地理，成了民間廣為流行的傳說。劉朝陽就《史記・天官書》裡的材料做過一番統計，發現在全部三〇九條占文中，關於用兵的有一二四條，占了三分之一以上[14]。其他的天文星占著作中，所占比例大體上也差不多。

天文學不但和人生、人生觀有關係，而且和人死、人死觀也有關係。人死了希望能上天，因此就要在墓室的頂棚上、在墓志銘的周圍、在棺材的蓋子上畫星圖，在墓中放與天文有關的東西。在考古所編的《中國古代天文文物圖集》中，共收天文文物六十三件，其中星圖占

---

⑭劉朝陽：〈史記天官書之研究〉，《國立中山大學語言歷史學研究所周刊》，第七集，第七十三和七十四期合刊，頁一一—六〇，一九二九年。

二十五件。在這二十五幅星圖中，刻繪在墓裡面的又占了十五件，是總數的五分之三，時間分布從西漢到遼代。此外，近十五年來，在墓中出土的還有湖南長沙馬王堆帛書五星占和彗星圖、安徽阜陽漢代漆制圓儀、山東臨沂元光曆譜、內蒙伊克昭盟西漢漏壺，一樁樁、一件件為中國的文化考古增添了不少光彩，為世界天文學史譜寫了新篇章。

總之，天文學是中國傳統文化的一個重要組成部分，它滲透到其他各個文化領域，許多文化現象也影響到它的發展，要把它們之間的相互關係研究透徹和刻畫清楚，恐怕得寫一本大書，本講只能算是一個初探，拋磚引玉，希望能有人寫出更全面、更系統的成果來⑮。

---

⑮最近見到兩本新書，與本講主題很有關係，值得一讀，即陳江風：《天文與人文——獨異的華夏天文文化觀念》，共二一三頁，北京：國際文化出版公司，一九八八年；江曉原：《天學真原》，共三九七頁，瀋陽：遼寧教育出版社，一九九一年。

第六講　中國古代天文成就

中國是世界上天文學發達最早的國家之一，也是在將近四千年中連續不斷地有所發現、有所發明、有所創造、有所紀錄的唯一國家。北京天文臺剛剛慶祝過它的建立七一〇周年（建於元世祖至元十六年，即一二七九年）和現代化三十一周年；中國天文學會單在大陸的會員就有一六七〇人，將在後年慶祝它建立七十周年。設在河北興隆的遠東地區最大望遠鏡——二・一六公尺望遠鏡今年將正式投入觀測工作；上海天文臺的一・五六公尺望遠鏡最近也通過了鑑定；青海的十三・七米毫米波射電望遠鏡正在順利安裝；北京天文臺的太陽磁場望遠鏡觀測成績很好，一・二六公尺紅外線望遠鏡也已工作。對於近年來的這些可喜進展，因為本人不是研究現代天文的，今天不準備講，這裡所要說的只限於我們祖先的光榮成績；而且限於時間，對於這些成績也只能掛一漏萬地講一講。

豐富的天象紀錄

今年美國聖地牙哥Space Theatre（環形電影院）拍了一部電影，專講中國古代天文成就，是給少年兒童看的，只有十五分鐘，片名"Stars over China"（中國星座）。此片選了四件事情：㈠漢代日食，㈡唐代彗星，㈢宋代超新星，㈣二十世紀九十年代中國也要發射自己的觀測衛星。這四件事情中，除了最後一件外，全是古代的天象紀錄。現在，全世界公認，中國是歐洲文藝復興以前天文現象的最精確的觀測者和紀錄的最好保存者。早在伽利略利用望遠鏡觀測到太陽黑子以前，自漢代起，二十四史中已做了一百多次紀錄，有位置，有日期，有變化。最早的一次是「漢成帝河平元年（西元前二十八年）三月乙未（應是己未之誤）日出黃，有黑氣，大如錢，居日中央」（《漢書・五行志》）。和黑子活動有聯繫的極光現象，我國也有豐富的紀錄。單從《漢書・天文志》裡記載的「建始元年九月戊子（西元前三十二年十二月二十四日）」的一次開始，到西元十世紀為止，正史中的紀錄就有一四五條。利用這些資料可以研究太陽活動的規律、地球磁場的變化，以及日地關係等問題。

殷代的甲骨文中已有日、月食紀錄。從漢代起，對日食的觀測，已有日食時太陽的位置、初虧和復圓的時刻及方位。例如：「征和四年（西元前八十九年）八月辛酉晦（即月末最後一天），日有食之，不盡如鉤，在亢（二十八宿之一）二度，晡時（即申時，下午三—五時），從西北；日下晡時，復。」（《漢書．五行志》）總計我國歷史上的日食紀錄，約在一、一○○次左右。對這些紀錄的詳細研究，將會對地球自轉速度的變化、萬有引力常數是否有變化的探討，有所幫助。

中國歷史上約有六百次彗星記錄。在長沙馬王堆出土的西漢初年的帛書中，有一幅十分珍貴的關於彗星的圖畫。它繪出了二十多種彗星的圖象，其中有一些比較真實地反映了彗尾的不同形狀和特徵，還有的似乎畫出了彗頭中的彗核結構。《晉書．天文志》中已經明確地說到，彗星本身不發光，尾巴永遠背著太陽。歐洲在一千多年以後，才達到同樣的認識水平。從秦始皇七年（西元前二四○年）到清宣統二年（一九一○年），哈雷彗星共出現過二十七次，每次我國都有紀錄，為世界提供了一分寶貴資料，利用它可以研究哈雷彗星軌道的變化，可以探討冥王星以外有沒有行星的問題。此外，我國歷史上還有幾次彗星分裂現象的記載。如《新唐書・天文志》裡說：

乾寧三年（八九六）十月有客星三：一大，二小，在虛、危間，乍合乍離，相隨東行，狀如鬬。經三日，而二小星沒。其大星後沒。虛、危，齊分也。

說的是一顆彗星在虛宿和危宿之間（今寶瓶座）分裂成一顆大的和兩顆小的彗星之後的情況。

和彗星相聯繫的流星雨，我國也有大量記錄。最早的要推《竹書紀年》中記載夏朝末期的一次流星雨：「帝癸（即桀）十年（西元前十六世紀）夜中星隕如雨。」關於獅子座流星雨有八次記載，天琴座流星雨有十次記載，英仙座流星雨有十二次記載。例如，《宋史・天文志》關於一〇〇二年十月獅子座流星雨的記載非常詳盡：

咸平五年九月丙申（一〇〇二年十月十二日），有星出東方，西南行，大如斗，有聲若牛吼，小星數十隨之而隕。戊戌（十月十四日）又有星數十，入輿鬼，至中台，凡一大星偕小星數十隨之。其間兩星如升器，一至狼，一至南斗滅。

流星墜落到地面，便成為隕石。這一事實在歐洲直到一八〇三年方為人們所了解。一七六八年，歐洲發現三塊隕石，對此法國科學院推舉拉瓦錫（A. L. Lavoisier, 1743-1794）進行研究，他所得的結論是：「石在地面，沒入土中，雷擊雷鳴，破土而出，非自天降。」這與事實完全相反。我國戰國時就知道隕石是天上落下來的。《春秋》記載魯僖公十六年（西元前六四五年）「隕石于宋五」，《左傳》解釋是「隕星也」。宋代的沈括在《夢溪筆談》卷二十中對一〇六四年落在江蘇宜興的一塊隕石的成分記載得很逼真。他說：「其大如拳，一頭微銳，色如鐵，重亦如之。」這種成分以鐵為主的隕石，現在叫隕鐵。中國還是用隕鐵製造武器的最早的國家。在河北藁城商代中期古墓中出土的一件銅鉞，和在河南浚縣出土的兩件青銅武器，其鐵刃和鐵援部分都是由隕鐵鍛製而成的。

彗星、流星、隕星，我國古時合稱「彗孛流隕」。現在知道，這些都是屬於太陽系的天體，而且彼此有演化上的聯繫。另外，古時還有和彗星常常相混的一種天象，叫客星。它有時也是指的彗星，如前述唐朝西元八九六年的記載；但大部分指的是新星或超新星。它是恆星的一種，遠在太陽系之外，本來很暗，因為內部結構突然改變，在幾天之內有的亮度增加幾千倍到幾萬倍，這叫做新星；有的增加幾千萬到幾萬萬倍，這叫做超新星。甲骨文中已有「新大星并火」的記載。《漢書・天文志》中的「元光元年（西元前一三四年）六月，客星見於房」，是中外歷史上都有紀錄的第一顆新星。第二次世界大戰以後，射電天文學興起以來，這些新星和超新星紀錄的研究，受到全世界的重視，其中最引人注意的是一〇五四年出現在金牛座的超新星。關於這顆超新星，只有中國和日本有觀測紀錄，而以中國為最詳細。《宋史・仁宗本紀》上寫著：

嘉祐元年三月辛未（一〇五六年四月五日），司天監言：自至和元年（一〇五四年）五月，客星晨出東方，守天關（金牛座5星），至是沒。

根據這一段紀錄和其他紀錄，畫出來的光變曲線，和近代天文學中所得的超新星光變曲線很相一致。在這顆超新星出現的位置上，觀測到了一個蟹狀星雲，在蟹狀星雲的中心又有一個規則的、快速重複的脈衝體，它既有光學脈衝，又有射電脈衝。這種脈衝體現在被認為正是根據恆星演化理論推斷出來演化到晚期的中子星。它的密度高達每立方厘米一億噸，表面溫度高達一千萬度，磁場高達 10^{11} 高斯，是當代高能天體物理研究的一個前沿陣地。

精密的天體測量

我國最早的一部書《尚書．堯典》中就說：「乃命羲和，欽若昊天，曆象日月星辰，敬授人時。」這表明在帝堯的時候（約西元前二十四世紀）已經有了專職的天文官，從事觀象授時。〈堯典〉又說：「朞三百有六旬有六日，以閏月定四時成歲。」將一年分為四季，用閏月來調整月分和季節的關係。我國曆法的這項基本內容，在那時已經有了。怎樣來確定四季？〈堯典〉又給了明確的回答：「日中星鳥，以殷仲春。」「日永星火，以正仲夏。」「宵中星虛，以殷仲秋」「日短星昴，以正仲冬。」這就是說根據黃昏時南方天空所看到的不同恆星來畫分季節。這裡提到的雖只有春分、秋分、夏至、冬至四個節氣，然而是最重要的四個基本天文點，由此發展成為後來的二十四節氣，成為我國曆法的又一基本內容。鳥（柳）、火（心）、虛、昴都是二十八宿之一，而且分配在四個不同的方位。二十八宿後來成為我國對天空星座的主要分區，二十八宿的距星成為天體測量的定標星，戰國時代的石申就測量出了它們的赤道座標度數，而且以後又不斷地進行測量，使其數據日益精確。

現在流傳下來的《夏小正》一書，反映的可能是唐堯虞舜之後的夏朝的天文曆法知識，時間相當於西元前二十一世紀到西元前十六世紀。這時不但觀察黃昏時南方天空所見的恆星（「昏中星」），還觀察黎明時南方天空所見的恆星（「旦中星」），以及北斗斗柄每月所指方向的變化，比〈堯典〉有所發展。

夏朝末代的幾個皇帝有孔甲、胤甲、履癸等名字，這表明當時已用十個天干（甲、乙、丙、丁……）作為序數。在殷商甲骨卜辭中，干支紀日的材料很多。以十天干和十二地支（子、丑、寅、卯……）順序相配（這與巴比倫的六十進位制不同，不是任意相配），組成以六十為周期的序數用以紀日，這是一個很大的發明。一日一個干支名號，日復一日，循環使用，從不間斷。中國歷史雖然很長，只要順著干支往上推，日期就清清楚楚。在一年中，只要有了二十四節氣和每月初一的干支，其餘日期就一目瞭然。現代天文學中使用的儒略日（**Julian day**）和它類似，但發明得很晚，一五八二年才由**J. Scaliger**提出。

從對殷代大量干支紀日的排比，現代學者對當時的曆法比較一致的看法是：用干支紀日，用數字紀月；月有大小之分，大月三十日，小月二十九日；有連大月，有閏月；閏月置於年終，稱為十三月；季節和月分有大體固定的關係。

比甲骨文稍晚的是西周時期（西元前十一世紀至西元前八世紀）鑄在銅器上的銘文，稱為金文。金文中有大量關於月相的記載，但無「朔」字。寫成於西周末期的《詩・小雅・十月之交》篇則說：

……十月之交，朔月辛卯，日有食之，……。

彼月而食，則維其常；此日而食，於何不臧？

這次日食可能發生在西元前七七六年（周幽王六年）九月六日。半個月前，即同年八月二十一日發生了月食。這首詩告訴我們，至遲到西元前八世紀，我們的祖先已經認識到月食必然發生在滿月（望），日食必然發生在朔日，而且這時人們對月食已無所畏懼。

日食必然發生在朔，月食必然發生在望，但朔、望時不一定發生日、月食，於是日、月食的觀測和計算成了中國曆法的重要組成部分和檢驗曆法是否準確的基本手段。例如，東漢初年從太初曆改行四分曆，就是從月食觀測發現太初曆後天（計算時刻比實際天象發生時刻晚）而引起的。西元一四三年太史令虞恭、治曆宗訢明確提出：「以月食驗天，昭著莫大焉。」三國時的徐岳也說：「效曆之要，要在日食。」對於這條標準，歷代天文學家都一致公認，所不同的是，隨著時代的前進，所要求的精確度越來越高，宋代周琮的明天曆（一〇六四年）「較日月交食，以一分（指食分）、二刻（指時間）以下為親，二分、四刻以下為近，三分、五刻以上為遠。」到了元代郭守敬的授時曆（一二八〇年）就提高到「同刻者為密合，相較一刻為親，二刻為次親，三刻為疏，四刻為疏遠。」

明代的徐光啟作了一次統計，得出：

諸史所載日食，自漢至隋凡二百九十三，而食於晦日（上月最後一天）者七十七，晦前一日者三，初二日者三，其疏如此。唐至五代凡一百一十，而食於晦日者一，初二日者一，初三日者一，稍密矣。宋凡一百四十八，則無晦食，猶有推食而不食者十三。元凡四十五，亦無晦食，猶有推食而不食者一，食而失推者一，夜食而書晝者一①。

據近人陳美東研究②，中國曆法由粗到精的大致輪廓可以列表如下：

---

①《增訂徐文定公集》，卷四，頁七〇，上海：慈母堂，一九一〇年。
②陳美東：〈觀測實踐與我國古代曆法的演進〉，《歷史研究》，一九八三年四期，頁八五—九七。

表6—1

時代	氣差	朔差	食時刻	食分差	行星位置差
兩漢	三~二度	一度	一度		三度
南北朝	二~〇·二度		一五~四刻		三~四度
隋唐	二〇~一〇刻		四~二刻	二~一分	四~二度
宋元	一〇~一刻		二~〇·五刻	一~〇·五分	二~〇·五度

這裡還應該補充的是，宋代的統天曆即以三六五·二四二五日為一年的長度，這和現今世界通用的格里曆的數值完全一樣，但頒行的時候比格里曆（一五八二年）要早三八三年，而明代邢雲路於一六〇八年測得回歸年的長度為三六五·二四二一九〇日，已經準確到十萬分之一日了。在漢代太初曆中所列五大行星的會合周期，就已經很準確，誤差最小的水星，只比今測值大〇·〇三日，誤差最大的火星也只大〇·五九日。

獨具風格的儀器製造

「工欲善其事，必先利其器」，觀測的準確性是和儀器的製造與發明分不開的。遠在西元前一千年左右，西周初期已發明了最原始的天文儀器：土圭。這是垂直立在地上的一根標竿，可以用來定方向、季節和一年的長度。它後來演變成圭表。表是直立的柱子，一般長八尺，圭是一支南北平放的尺，用來量度在太陽光照射中表影的長度。就單憑這一簡單儀器和兩條幾何定理，《周髀算經》中的陳子就建立了一套宇宙模型，討論「日之高大，光之所照，……天地之廣？」③，河南登封的周公測景臺和量天尺是元朝郭守敬按照圭表原理建成的。巍然聳立的測景臺相當於一個堅固的表，平舖地面的量天尺即為石圭。圭長三〇・三公尺，臺面與圭面相距八・五公尺。臺上的房屋係明代所建，與觀星、測影無關。郭守敬除把圭表加長、

③關於陳子模型，程貞一先生和我有一篇最新研究，將刊於日本京都大學人文科學研究所編的《中國古代科學史論・續篇》，頁三六七—三八四，一九九一年。

加大、加固外，還發明了景符等輔助儀器，使這一傳統儀器舊貌變新顏，觀測精度大大提高。

隨著手工業的發展，在西元前一〇〇年左右，又發明了渾儀，由刻有度數的圓環和望筒（窺管）組成，可以用來測量天體的位置。表示天體位置的坐標系統可以有好幾種，而我國從製造渾儀開始就採用赤道坐標裝置，這與希臘用黃道坐標裝置不同。這一傳統堅持了一千多年，到十六世紀歐洲也開始採用，現今世界的大型望遠鏡也都用這種裝置，只是到最近才有改用地平裝置的趨勢。渾儀最初可能只有赤道環和活動赤道環，後來則逐步加多，又是二分環、二至環，又是黃道環，又是白道環，又是地平環、子午環，結果是互相交錯，用來測量天體時，常為陰影所遮掩，很不方便。從宋代沈括起，開始簡化，取消了白道環；元代郭守敬進一步革新，把地平坐標和赤道坐標分別安裝，叫做簡儀。簡儀有同時並測的效用，但沒有相互遮掩的缺點，是我國天文儀器史上的一項重要貢獻，它比第谷於一五九八年發明同樣儀器要早三百多年。

到了西元後一百多年，又發明了一種表演儀器——水運渾象。把天上的星星布置在一個球面上，並用水的力量發動齒輪系統，帶動它轉動。某星始出，某星到了中天，某星快要落到地平以下，渾象所表演的和實際天象很相一致。這項儀器，後來經過發展，到了宋代，建造成了一個高約十二公尺寬七公尺的水運儀象臺。共分三層，上層放渾儀，進行天文觀測；中層放渾象；下層設木閣。木閣又分五層，層層有門，每到一定時刻，門中有木人出來報時。例如，第一層共三個木人，每過一刻鐘，有一個木人出來打鼓，每逢「時初」，一個木人出來搖鈴，每逢「時正」，一個木人出來敲鐘。木閣後面設有水力發動的機械系統，使觀測儀器（渾儀）、表演儀器（渾象）和報時儀器構成一個統一的體系，按部就班地動作。據李約瑟等人研究④，這個儀器在世界天文學史和鐘表史上占有非常重要的地位：第一，它的屋頂是活動木板，可以任意摘除，這是現今天文臺圓頂的「祖先」；第二，渾儀的旋轉，一晝夜一周，這是現今天文臺跟踪機械——轉儀鐘的「祖先」；第三，這個計時設備中有個擒縱器（卡子），是近代鐘表的關鍵部件，因此，它又是鐘表的「祖先」。蘇頌還為這座大型儀器寫了一本說明書——《新儀象法要》，其中包括六十多幅圖和一百五十多種機械部件，是研究機械史的重要資料。

蘇頌在建成水運儀象臺之後，又造了一架大型天球儀，人可以坐在內部觀看。在球體上按

---

④Joseph Needham et al., *Heavenly Clockwork*, Cambridge University Press, 1960.

照各個恆星的位置鑽了一個個小孔，人在裡面看到點點光亮，彷彿天上的繁星。這架儀器又是現代天文館中天象儀的「祖先」。

樸素的宇宙理論

中國不僅在儀器製造、曆法計算和觀測紀錄方面具有豐富的遺產，就是在理論方面，也有不少先進的東西值得大書而特書。戰國時期的荀子在《天論》裡一開頭就說：「天行有常，不為堯存，不為桀亡。」也就是說自然界是按其本身規律發展的，不論是堯還是桀都影響不了它，天文現象與政治無關。又說，星墜、木鳴、日食、月食和怪星的出現，「是無世而不常有之」，「怪之，可也；畏之，非也」，最後並提出了「制天命而用之」的響亮口號，顯示了「人定勝天」的英雄氣概，是把天文學和星占術、宿命論等區別開來的一篇非常好的文章。

大概也是成書於戰國時期的《管子．宙合》篇，第一次把空間和時間合成一個概念來用。宙即時間；合即六合（四方上下），也就是三維空間。〈宙合〉篇說：「宙合之意，上通於天之上，下泉於地之下，外出於四海之外，合絡天地以為一裹。」「是大之無外，小之無內。」

把這段翻譯成白話文就是：「宇宙是時間和空間的統一，它向上直到天的外面，向下直到地的裡面，向外越出四海之外，好像一個包裹一樣把我們看見的物質世界包在其中，但是它本身在宏觀方面和微觀方面都是無限的。」

把人類在一定的歷史條件下，所能觀測到的宇宙範圍叫做「天地」，尚觀測不到的部分叫做「宇宙」或「太虛」或「虛空」，這個區分是中國天文學的一個優良傳統。《周髀算經》在討論了太陽光照範圍的直徑是八十一萬里之後，說「過此而往者，未之或知。或知者，或疑其可知，或疑其難知」。張衡在討論了他的渾天範圍以內的事以後也說：「過此而往者，未之或知也。未之或知者，宇宙之謂也。宇之表無極，宙之端無窮。」和蓋天說、渾天說同時的宣夜說更是主張宇宙無限的，「日月眾星，自然浮生虛空之中」，所謂虛空，也不是真空，到處充滿著氣體，只不過不會發光而已。元代的鄧牧（一二四七—一三〇六年）更進一步認為在無限的虛空中，有無限多的天地。他說：「天地，大也，其在虛空中不過一粟而。虛空，木也，天地猶果也。虛空，國也。一木所生，必非一果；一國所生，必非一人，謂天地之外，無復天地，豈通論耶？」這裡使我們聯想到三百年以後，歐洲的布魯諾（一五四八—一六〇〇年）才說出差不多同樣的話，「在無限的空間中，要麼存在著無限多同我們世界一樣的世界；要麼這個宇宙擴大了它的容量，以便它能包容許多我們稱之為恆星的天體；要麼不論這些世界彼此之間是否相似，都有同樣的理由都可以存在。」

宇宙在時間上的無限性，明代的《豢龍子》說得非常生動：

或問天地有始乎？曰：無始也。

曰：天地無始乎？曰：有始也。

自一元而言，有始也；自元元而言，無始也。

就一個天體系統來說，是有始有終的，但就無限多的系統來說，則是無始的。討論我們所在的「天地」的起源問題，很早就開始了，戰國時期屈原寫的〈天問〉中就對當時流行的一些看法提出了質疑；而成書於西漢時期的《易緯・乾鑿度》中對宇宙早期的演化史和現在熱爆炸理論的分期，有驚人的相似之處，現列表比較如下：

表6-2

	熱爆炸理論	《易緯・乾鑿度》	《靈憲》
1	奇點期(10^{-43}秒)：完全輻射狀態，沒有物質。	太易：未見氣也。(鄭玄注：以其寂然無物，故名之爲太易。)	道根(溟涬)
2	極早期(10^{-36}秒)：形成重子(10^{28}K)。	太初：氣之始也。	道幹(龐鴻)
3	早期(10^{-12}秒)：氦氘鋰等元素開始形成(10^{16}K)。	太始：形之始也。(鄭注：此天象形見之所本始也。)	
4	現期(10^{-4}秒)：星系胚開始形成(10^{12}K)。	太素：質之始也。—	
5	將來期：從現在到今後。		道實(天元)

從第四階段到第五階段是一個轉折點，在此以前是理論上的推斷，在此以後是觀測到的事實。現代宇宙學中所用的理論是粒子物理、等離子體物理、熱力學、統計物理、量子論和相對論，而中國古代用的只是思辨性的「氣」。《易緯・乾鑿度》說：「氣、形、質，具而未離，故曰渾淪。」鄭玄注云：「雖含此三始（太初、太始、太素），而未有分判，故曰渾淪。老子曰：有物混成，先天地生。」

《老子》第二十五章云：「有物混成，先天地生。……吾不知其名，字之曰道。」《易緯・乾鑿度》中的「渾淪」，就是《老子》中的「道」，《易・繫辭》中的「太極」，《呂氏春秋》和《淮南子》中的「太一」，揚雄《太玄經》中的「玄」，用大爆炸理論來說，就是宇宙開初萬分之一秒（10^{-4}）內的原始狀態。東漢時許慎編的字典《說文》中說：「惟初太極，道立於一，造分天地，化成萬物。」古時以天地形成為轉折點，現代以星系形成為轉折點，這只是隨著觀測工具的進步和理論的發展，人們的眼界擴大了，認識深化了，其邏輯意義是一致的。

第七講　中國天文學史的新探索

一九八一年我在美國*Isis*七十二卷二六三期上發表過一篇〈中國天文學史研究三十年〉，總結了一九四九年至一九七九年大陸上研究中國天文學史的情況。其後，這篇文章改名為〈古為今用，推陳出新——建國以來中國天文學史研究的回顧〉，把內容增加到一九八二年，發表在南京出版的《天問》上。一九八五年十一月國際天文學聯合會在印度新德里舉行第十九次大會時，我向第四十一委員會（天文史委員會）遞交了一九八二年七月至一九八五年六月的情況報告。一九八七年在北京舉行的第四屆亞洲及太平洋地區天文學大會時，我又報告了一九八五年七月至一九八七年六月的研究情況，此一報告已刊在一九八八年出版的*Vistas in*

Astronorny三十一卷上。這次來臺我在〈中國科技史研究的回顧與前瞻〉中也講了一些天文學史研究的情況。所以今天就不再談過去做了一些什麼，著重談談今後應該做什麼。

以畢生精力研究中國天文學史的日本京都大學榮休教授藪內清教授曾對我說：「你們的中國天文學史研究有四個特點，是我們過去沒有做過的，應該繼續和加強：一是天象紀錄的整理和利用，二是出土天文文物的研究，三是少數民族天文曆法知識的調查，四是實驗天文學史的嘗試。」我認為他講的很對，但也有人有不同的看法，所以我還想說幾句。

有人認為，天象紀錄的整理和利用，不是天文學史，而是天文學，天文學史工作者可以幹，但不應該當做天文學史的研究成果。我認為這種說法有點「削己之足，以適他人之履」。做事不應該從定義出發，而應該從實際出發。我國有豐富的天象紀錄，外國人利用它來研究一些當代天文問題，做了不少工作；我國天文史工作者利用自己的優勢，參加到這個行當中，做出貢獻，這正是具有中國特色的天文學史，而不是旁務。就以歷史超新星來說，**D. H. Clark**和**F. R. Stephensen**的書《歷史超新星》（*Historical Supernovae*）已出版十多年了，應該在新的基礎上重寫一本。一九八九年六月，我到哈佛大學訪問時，波士頓大學的布瑞車（**K. Brecher**）教授也認為，我們做天象紀錄研究的人太少了。

《中國天文文物圖錄》的出版，是多年來考古發現中有關天文文物的一個總集，大大地豐富了我國天文學史的內容，受到各方面的歡迎。我們希望隨著基本建設的增加，能有更多的天文文物出土，從而解決一些有爭論的問題。

少數民族天文曆法知識的調查，剛開始時也有人反對，認為中國天文學的最高水平，都集中在二十四史中，到邊緣地區少數民族中去調查，恐怕對中國天文學增加不了什麼光彩。如果說，科學史的目的就是找正面成績和爭世界第一，那太狹隘了。我認為，科學史還應該從民族學和社會學的角度，來了解各個民族，不管是先進的還是落後的，他們是怎樣認識自然和改造自然的。從這個意義上來說，對祖國各個民族天文知識的調查就是必要的，而且這十多年來調查所取得的成績也是顯著的。陳久金等關於彝族天文學史的研究，《中國天文學史文集》第二集〈少數民族天文學專號〉的受到歡迎都是明證。這一方面的工作今後還要繼續下去，當然難度是很大的。

實驗天文學史，藪內清當時所指的就是我們在雲南利用油盆對日蝕的觀測和在北京興隆對木衛的觀測。這方面再進一步擴大，我想可以利用古代的觀測儀器和觀測方法，重複進行一些觀測，來看看精確度有多大。中國科技大學華同旭的博士論文，對古代漏刻所做的實驗是很有意義的。像《周髀算經》中測太陽直徑的辦法等都可以實驗。

天體測量和曆法方面的工作，早年朱文鑫寫過一本《曆法通志》，現在看來太粗糙。五十年代王應偉寫了《中國古曆通解》，此書未正式出版，而且很難看懂。近幾年來陳美東對曆法中一系列數據和方法的深入研究，取得了突破性的進展，但仍有許多工作要做，寫一本高水平的《中國曆法史》應該是二十世紀應該完成的事。

以上所談是過去做了不少，今後仍應繼續做的事。下面再談談過去沒有做，或者做得很少，今後應加強的工作。

第一，資料的系統整理和儲存。過去搞天文學史的人都是各自為戰，自己收集資料，自己保存，自己使用。七十年代北京天文臺莊威鳳組織人力，收集了很多資料，準備匯編成兩種出版，至今也未能完全實現。從長遠來看，我們應該學習美國貝克萊加州大學（UCB）科學史中心搞物理史的辦法，建立資料庫，供大家共同使用。有些大部頭的書，如《道藏》、《大藏經》中的天文資料，也應組織人力，分類摘抄，輸入計算機。

第二，天文學的社會史研究。把天文學當作一種社會現象，當作一種意識形態，來研究它在發展中與政治、經濟、宗教以及各種文化之間的關係，這屬科學社會史的範圍，我姑且把它叫做天文學的社會史研究。在這方面過去文章很少，而且多是外國人寫的，如維特福特爾的〈古代中國的政府與天文學〉（中譯見《群眾》一九四二年七卷十期）、愛伯華（W. Eberhard）的〈漢代天文學和天文學家的政治功能〉（見費正清〔J. K. Fairbank〕編 *Chinese Thought and Institutions*）。幾年以前，我寫過一篇〈論中國古代天文學的社會功能〉（見方勵之編《科學史論集》），也只是浮光掠影，談不上研究。在這方面正有大量題目可以做，既可以斷代研究，也可以分專題來做。例如，星占學就是一個很大的課題。

第三，民間天文學的調查和研究。在這方面，北京天文臺王立興做了不少工作，但中國地域遼闊，人口眾多，一個人去調查，那才真正是「掛一漏萬」。我們應該發動很多的人調查各地群眾中間流傳的天文諺語、星名、曆法、儀器等。這些對於發展現代天文學當然沒有什麼關係，但作為文化史的一部分還有很有意義的。

第四，史前天文學的研究。我們過去把研究精力主要集中在有文字記載的史料上，特別是二十四史中。對於神話傳說中所反映的天文資料，對於近年來所發現的許多新石器文化遺存中所反映的天文資料，研究得不夠。關於前者，例如《山海經·大荒東經》中「大荒之中有山，名曰大言，日月所出」，「大荒之中，有山，名曰合虛，日月所出」，連續有七條記載；

《山海經・大荒西經》也有類似的七條記載：「大荒之中，有山，名曰豐沮玉門，日月所入。」「大荒之中，有龍山，日月所入。」這些記載，很可能與現在國外所討論的考古天文學有關，是某一個地方（這個地方在那裡需要考定），周圍有許多山，當地居民利用太陽出沒的方向和山的關係來定季節，屬於史前天文學的範疇。關於後者，例如一九八七年在河南濮陽發掘的一個仰韶文化遺蹟中，在一個成年男人骨架的左右兩側，有用貝殼擺塑的龍、虎圖像，用碳十四檢定結果，斷定是八千年前的遺物。大家都知道，左青龍，右白虎，前朱雀，後玄武，這是和天上的二十八宿相配的。關於二十八宿的起源問題，過去一直爭論不休，主張晚出的人認為，《書經》、《詩經》等中有二十八宿的個別名稱，不能說明那時已有二十八宿系統。按照這種說法，到《呂氏春秋》時才有二十八宿，但是一九七八年湖北隋縣曾侯乙墓中二十八宿箱蓋的出土（其上也有青龍、白虎），把這個記載提前了幾百年，現在有可能再提前。可以說，文字沒有記載的東西不等於沒有，我們對史前天文學要用新的眼光來研究；馬伯樂（H. Maspero）認為直到西元前六世紀中國天文學還沒有產生的說法，過於武斷，不能成立。事實上，他連甲骨文中的材料都沒有考慮。考古天文學那時還沒有誕生。

第五，開展中國近、現代天文學史的研究。我們過去對中國天文學史只抓了中間一段，前面忽視了史前時期，後面忽視了明末西方天文學傳進來以後的一段。竺可楨的〈中國古代在天文學上的偉大貢獻〉①一文，就是寫到明末為止。若說中國傳統天文學，那麼到明末為止可以；若說是中國天文學史，則其後的這將近四百年的歷史就必須包括進來。這四百年大體上可以分成三個階段來研究：第一個階段從一六二九年徐光啟建立曆局到一八四四年《儀象考成續編》出版，其間有傳教士的介紹西法，有大部頭的官方著作出版，有眾多的民間天文學家，比起當時的歐洲來，雖然已經落後，但內容很多，值得研究。第二階段從一八五九年李善蘭譯《談天》至一九一九年五四運動前後，這六十年最悲慘，中央觀象臺被搶劫一空，外國人在中國領土上辦天文事業，中國人能做的只是一些翻譯介紹工作。第三階段從一九二二年十月三十日中國天文學會成立到現在，國人獨立自主地用新的面貌重建自己的天文系統，接管了外國人在中國辦的天文機構，創建了新的教學和研究機構，在艱苦的條件下努力奮鬥，總結這段篳路藍縷的創業史，也是很有意義的。

第六，外國天文學史的翻譯、介紹和研究。四十年來，在大陸上只有李珩翻譯了一本沃庫

①見《竺可楨文集》，頁二六〇—二六六，北京：科學出版社，一九七九年。

勒的《天文學簡史》，還有陳久金編寫了一本很通俗的《天文學簡史》，這與中國天文學史研究的蓬勃發展，很不相稱，而且也不利於中國天文學史的研究。李約瑟《中國科學技術史》的特點之一，就是能把中國科技史放在世界範圍之內，中外古今進行對比，而中國人寫的書往往是就事論事，就中國科技史談中國科技史，眼界不高。日本為了更好地研究中國科學史和日本科學史，也專門派人出國研究印度天文學史和阿拉伯天文學史。我叫我的研究生，去認真讀奈給保爾（**O. Neugebauer**）三卷本的《古代數理天文學史》（*A History of Ancient Mathematical Astronomy*），他讀了以後，覺得很有收穫，很有幫助。**H. Maspero**認為，巴比倫的泥磚表明，在西元前二十世紀末時它的天文學已達到先進水平，而中國天文學則直到西元前六世紀或五世紀還沒有產生。這種說法，是受了泛巴比倫主義的影響。本世紀初庫格勒（**F. X. Kugler**）根據一塊泥磚：「六年八月廿六日金星不見於西方，下月三日復出於東方」的記載，得出這次金星合日與日月合朔發生在同時，應為西元前一九七一年一月二十三日天象（當時的一月一日約在今格里曆的四月二十六日左右），從而斷定當時天文學已經很發達。但是現在認為庫格勒的計算可能是錯的。庫格勒做研究時，歷史學家同意。把前巴比倫定在西元前二〇〇〇年左右，故有如上結果。但在希臘教過書的**Berossus**的一本老的王朝紀年則定的晚四百年。以前許多歷史學家不承認此說，但近來卻又贊同，因此這塊泥磚紀錄的日期可能是西元前一六四一年十二月二十五日，前巴比倫王朝在西元前一八九四至一五九五年之間②，相當於夏朝，這條紀錄比我們甲骨文中的資料也就只早二、三百年了。如果再把近年來我國關於新石器時代天文遺存的一些發現考慮進去，那麼巴比倫天文學就比我們早不了多少。對於古代希臘科學，如果認真摳起來，問題也很多。為什麼只懷疑我們古代的東西，而不懷疑別人的?問題就是對別人的研究不夠，沒有發言權。所以為了研究好中國古代天文學史，對外國古代史也應該投入人力進行深入研究和介紹。為了發展中國的當代天文，對外國近現代天文學史更應該有所研究。

第七，十七世紀以來外國人對中國天文學史研究的翻譯和評介問題。中外交流是雙向的，十七世紀傳教士來華以後，一方面把西方天文學介紹到了中國來，另一方面，也把中國天文學介紹到了西方。對於後者，我們更注意得不夠。單從李約瑟著作中的介紹看來，從宋君榮（A. Gaubil，一六八九—一七五九年）開始，包括畢沃（T. B. Biot）、德沙素（de Saussure）、

②參閱A. Pannekoek, *A History of Astronomy*, Chapter 3, New York: Interscience Publishers, 1961.

馬伯樂（H. Maspero）等法國漢學家的一系列天文著作，內容很多（宋君榮的著作有幾大卷，德沙素的文獻有三十四種），有些觀點也很好，對於想徹底研究中國天文學史的人來說，仍然是可以參考的資料。對於這些著作，以及二十世紀以來，各國研究中國天文學史的重要著作，我們都應該培養既懂專業，又懂該國語言的專家，翻譯、評介他們的工作，使我們眼界更遼闊，基礎更紮實，工作做得更好。

第八講 天文學思想史

天其運乎？地其處乎？日月其爭於所乎？
孰主張是？孰維綱是？孰居無事推而行是？
意者其有機緘而不得已耶！意者其運轉而不能自止耶！

——《莊子．天運》

遂古之初，誰傳道之？上下未形，何由考之？
冥昭瞢暗，誰能極之？馮翼惟像，何以識之？

——《楚辭．天問》

《莊子・天運》和《楚辭・天問》中的這兩段話問得十分深刻。前者討論天體的運動問題和運動的機制問題。為了回答這一問題，就要研究天體的空間分布和運動問題，這是天體測量學、天體力學和恆星天文學的任務。後者討論宇宙的起源和演化，是天體物理學、天體演化學和宇宙學的任務。中國古代只有天體測量學的工作，其他五門學科都是哥白尼以後在西方逐漸發展起來的。本講的目的是想跳出中國這個圈子，從思想史的角度放眼世界，看看從古到今是怎樣回答這兩個問題的。先把提綱寫在下面，然後一一敘述：

△天和人的關係
△同心球理論
△本輪均輪說
△太陽系概念的建立
△萬有引力定律的發現及其應用
△太陽系起源的探討
△恆星本質的認識
△銀河系結構的探索

△河外星系的開拓
△相對論的宇宙模型
△簡短的結論

天和人的關係

天文學研究的對象是宇宙間的一切物質，大至河外星系，小至星際原子，舉凡它們的空間分布、物理狀態、化學組成、運動變化、起源演化，無不在探討之列；但是，近在身邊的地球卻排除在外，讓給地球物理學、地質學、地理學等屬於「地」字號的學科去研究。在天文學範圍內，只把地球當作一個行星來對待，研究它的形狀、大小、運動、起源和演化。但是由於人們認識事物的過程總是由此及彼、由近及遠，而且人們觀察天象的目的從一開始就是為自己的生產和生活服務的。發展到一定階段，才會有理論上的思考。因此從天文學思想史來說，第一個遇到的問題則是天和人的關係、天和地的關係。在阿述巴尼帕（**Ashurbanipal**，西元前六六八—六二六年）王公圖書館遺址內發掘出來的一塊屬於前巴比倫王朝（西元前十九—十六世紀，相當於中國的夏朝）時期的泥磚（現存倫敦大英博物館），其上用楔形文字刻著：

> 五月六日金星出東方，天將雨，土地被蹂躪。至次年一月十日，此星一直在東方，十一日不見。藏匿三個月以後，四月十一日復閃耀於西方，將有戰，五穀豐登①。

這種把天文現象和地上年成的豐歉、戰爭的勝負、國家的興亡，以及個人的命運聯繫起來，「觀乎天文，以察時變」（《易・賁卦・彖辭》）的占星術是天文學早期發展的必經階段，世界上天文學發達最早的國家和地區，如巴比倫、中國、埃及、印度、希臘和馬亞，以及到近代還處於原始社會的一些民族和部落，占星術都很盛行。早期的天文學家，差不多都是星占家；越早的天文著作，占星術內容越多。

占星術是依據天象進行占卜的，這也是促進人們去觀察天象的動力之一，巴比倫的星占家們對行星的周期已經觀測得很準確，對行星在一個會合周期內的順行、逆行和停留現象也已

---

①轉譯自A. Pannekoek, *A History of Astronomy*, Chapter 3, New York, 1961.

瞭若指掌，但是他們只停留在根據周期知識，用一些數學方法來預告天象，關心人間禍福，而沒有想到建立一個世界圖景來說明這些現象。在人類歷史上邁出這一步的則是希臘人的貢獻。

同心球理論

如果說巴比倫人的思想屬於「天人相與」，那麼希臘人的思想則屬於「天人相分」。《荀子・天論》裡把天人相分的思想說得很清楚：「天行有常，不為堯存，不為桀亡。」天文現象是有規律的，它與人間政治毫無關係。不過，對於這個天人相分也可以從宗教神學方面去理解，希臘的畢達哥拉斯（**Pythagoras**，約西元前五八〇—五〇〇年）學派就是這樣的。他們認為，天上和人間應該有所不同。天體具有神性，應該是完美無缺的球體，並且在完美的圓形軌道上作均速運動。但是事實上並不是這樣，行星的運動很不均勻：有時快，有時慢，有時停留不動，有時還有逆行。柏拉圖（Plato，西元前四二七—三四七年）認為這只是一種表面現象，並不能說明畢達哥拉斯學派的信念就錯了。為了「拯救現象」，柏拉圖在他的《蒂邁歐》（*Timaeus*）裡提出了以地球為中心的同心球結構模型。各天體所處的球殼跟地球的距離，由近到遠依次是：月亮、太陽、水星、金星、火星、木星、土星、恆星；各同心球之間由正多面體聯接著。

柏拉圖的同心球並非物質實體，只是理論上的一種輔助工具，可是到了亞里斯多德（**Aristotle**，西元前三八四—三二二年）手裡，這些同心球成了實際存在的水晶球，而且各個水晶球之間組成一個連續的、相互接觸的系統。亞里斯多德模型不同於柏拉圖的地方還在於：他的天體次序是：月亮、水星、金星、太陽、火星、木星、土星和恆星天，在恆星天之外還有一層宗動天。宗動天的運動則是由不動的神來推動。神一旦推動了宗動天，宗動天就把運動逐次傳遞到恆星和七曜上去。這樣，亞里斯多德，就把「第一推動力」的思想引進到宇宙學中來了。此外，亞里斯多德還進一步發展了兩界說：月亮以下的區域是世俗的世界，物質由水、火、氣、土四種元素組成；月亮以上的區域是神界，其中基本成分是以太。

本輪均輪說

同心球理論除了過於複雜以外，還和一些觀測事實相矛盾。首先，它要求各個天體和地球之間的距離不變，可是金星和火星的亮度卻時常變化，這意味著它們同地球的距離並不固定。其次，日食有時是全食，有時是環食，這也說明太陽、月亮和地球的距離也在變化。為了克服同心球理論所遇到的這些困難，阿波隆尼（**Apollonius**，西元前二六〇—二二〇年）設想出另一套模型：如果行星作均速圓周運動，而這個圓周（本輪，**epicyle**）的中心又在另一個圓周（均輪，**deferent**）上作均速運動，那麼七曜和地球的距離就會有變化。通過對本輪、均輪半徑和運動速度的適當選擇，天體的運動就可以得到恰當的說明。喜帕恰斯（**Hipparchus**，約西元前一九〇—一二五年）繼承了阿波隆尼的本輪、均輪思想，並且又進一步發現，太陽運動的不均勻性還可以用偏心圓（eccentrics）來解釋：太陽繞著地球作勻速圓周運動，但地球不在這個圓的中心，而是稍微偏一點。這樣，從地球上看來，太陽就不是勻速運動，而且距離也有變化，近的時候走得快，遠的時候走得慢。

本輪、均輪說和偏心圓理論，到了托勒密（Ptolemy,約90-160）的時候，發展到了完備的程度，他在《天文學大成》（*Almagest*）中作了系統性的總結，成為中世紀天文學的圭臬，統治天文學界約一千四百年，影響到歐亞非三洲，直到一五四三年哥白尼的《天體運行論》出版，才逐漸失去它的作用。

太陽系概念的建立

哥白尼（N. Copernicus, 1473-1543）的《天體運行論》是自然科學的獨立宣言，標識著近代天文學的誕生；但是他在書中倡導的日心地動說，也可以追溯到希臘，和前述地心日動說的各種模型同樣源遠流長。畢達哥拉斯學派的菲洛勞斯（Philolaos，西元前五世紀末）提出，中央火是宇宙的中心，地球每天繞它轉一周，月球每月一周，太陽每年一周，行星周期更長，而恆星則是靜止的。人為什麼看不見中央火？這是因為地球總是一面朝著中央火，而人則住在背著中央火的一面。其後，柏拉圖學派的赫拉克利德（Heracleides，西元前三八八—三一五年）放棄了中央火的概念，以地球繞軸自轉來解釋天體的周日運動；太陽和行星繞著一個公共中心旋轉，而地球和太陽永遠處在相反的位置上。再進一步，就是阿里斯塔克（Aristarchus，西元前三一〇—二五〇年）提出：太陽處在宇宙的中心，所有行星，包括地球在內，都圍繞著它，沿圓形軌道運動；地球在繞日公轉的同時，又在繞軸自轉。地球公轉的時候，為什麼沒有引起恆星的視差位移？阿里斯塔克認為，這是因為和地球的直徑比起來，恆星的距離太大了。恩格斯在《自然辯證法》裡正確地總結了這段歷史，指出菲洛勞斯的理論：「是關於地球運動的第一個推測」（一九九一年中譯本，一六一頁），阿里斯塔克早在西元前二七〇年就已經提出哥白尼的地球和太陽的理論（一六八頁）。一九一三年赫斯（T. Heath）寫了一本專書，稱他為「古代的哥白尼」，並以他為界把希臘天文學分成了兩個階段。

哥白尼有繼承、有批判。他用了很長的時間，經過觀測、計算和反覆思考，先將他的觀點寫成一篇〈綱要〉，在朋友中間流傳，徵求意見，然後再寫成六大卷的《天體運行論》，把日心地動說提高到了一個嶄新的水平。在這個新的世界體系裡，人類居住的地球不再有特殊的地位，它和別的行星一樣，圍繞著太陽跑龍套。在太陽周圍，行星排列的次序，由近而遠是：水星、金星、地球、火星、木星和土星。只有月球還是圍繞著地球轉，同時又被地球帶著圍繞太陽轉。恆星則處在遙遠的位置上，和這些天體不發生關係。這些天體自成一個系統——太陽系。

太陽系概念不同於以往的同心球理論和本輪均輪說，它確是客觀世界的真實反映；但是經過了長期的、曲折的鬥爭，才得到了人們的公認。這是因為，在社會根源方面，它正如阮元在《疇人傳・蔣友仁傳》中所說「上下易位，動靜倒置，離經叛道，未有如此之甚」，遭到教會和一切保守勢力的瘋狂反對；在認識論根源方面，新生事物有它不完善的地方，還得經過一段長時間的發展。首先，亞里斯多德反對地動說的兩條主要理由，哥白尼並沒有解決。這兩條理由是：既然地球在自轉，為什麼一件物體向上拋，總是落回原處，而不向西偏一點？既然地球在公轉，為什麼看不見恆星的視差位移？關於前者，一六三二年伽利略（Galileo,1564-1642）在《關於托勒密和哥白尼兩大世界體系的對話》中，敘述了一個巧妙的實驗，證明地球的動或靜不能單以觀察地球上的物體的運動而得知，從而建立了他的慣性原理。關於後者，嚴格說來，到一八三八年貝塞耳（F. W. Bessel,1784-1846）才發現，但是在人們努力發現視差的過程中，一七二六年左右布拉得雷（Bradley,1693-1762）對光行差的發現就已經回答了這個問題。

其次，哥白尼仍然因襲前人的觀點，認為行星和月亮運行的軌道是圓形。因而，他預告的位置，仍然和實際不符，為此，還得採用一些本輪、均輪來組合。本輪、均輪的數目，比起托勒密體系來是少得多了，但仍然不能廢除，這大概也就是為什麼第谷．布拉赫（Tycho Brahe, 1546-1601）另建立一個世界體系的原因。第谷提出了一個折衷體系：所有行星繞著太陽轉，太陽又攜帶著它們繞著地球轉。但第谷是一位傑出的天文觀測者，他認為三家學說的最後結局只能由更多、更好的觀測來檢驗。他的繼承者開普勒（Kepler,1571-1630）在分析他遺留下來的大量觀測資料時發現，對火星來說，無論用那一家學說都不能算出與觀測相符合的結果，雖然這差異只有8′，但他堅信第谷的觀測結果。於是他懷疑「行星作勻速圓周運動」這一傳統信念可能是錯的。他用各種不同的圓錐曲線來試，終於發現火星沿橢圓軌道繞太陽運行，太陽處於橢圓的一個焦點上，這一圖景和觀測結果符合。同時他又發現，火星運行的速度雖然是不均勻的，但它和太陽的聯線在相等的時間內掃過相等的面積。這就是他發現的關於行星運動的第一、第二定律，刊布於一六〇七年出版的《新天文學》中。十年後，他又公布了行星運動的第三定律：行星繞日公轉周期的平方與它們軌道長半徑的立方成正比。從此，各行星之間就互相聯繫起來了，太陽系的規律性更加明顯。

萬有引力定律的發現及其應用

開普勒關於行星運動三定律的發現，正如他自己所說：「就憑這8′的差異，引起了天文學的全部革新。」它埋葬了托勒密體系，否定了第谷體系，奠哥白尼體系於磐石之上，並帶來了萬有引力定律的發現。哥白尼曾經說過，地之所以為球形，是由於組成地球的各部分物質之間存在著相互吸引力，並且相信這種力也存在於其他天體之上。開普勒也曾想過，可能是來自太陽的一種力驅使行星在軌道上運動，但是他沒有提供任何證明。牛頓（I. Newton,1642-1727）則用數學方法，首先證明，若要開普勒第二定律成立，只需引力的方向沿著行星與太陽的聯線即可，不管引力大小與距離有什麼關係；若要開普勒第一定律成立，則引力的強弱必須與太陽和行星的距離的平方成反比。在此基礎上，他又進一步證明，宇宙間任何兩物體之間都有相互吸引力，這種力的大小和它們質量的乘積成正比，和它們距離的平方成反比。

一六八七年牛頓發表了他的《自然哲學的數學原理》，使天文學從單純描述天體間的幾何關係進入到研究天體之間相互作用的階段，創立了天文學的一門新的分支——天體力學。從此天體的運動和地上物體的運動服從同一規律，不再有任何特殊性，亞里斯多德的兩界說進一步破產。在這本書中，牛頓詳細地論證了萬有引力定律和他關於運動的三定律，並且用它來研究木星和土星的衛星的運動、彗星的軌道、海水的潮汐現象、地球的形狀等等，無往而不利，所有這些千差萬別的現象，都被同一的力學規律支配著。

但是萬有引力定律在研究兩個物體間相互作用時，問題比較簡單，一遇到三體問題，難度就很大，只是在一些特殊情況下有解，多體問題就無法辦。十八世紀許多著名數學家都把功夫用在這些問題上，而最成熟的一部著作是拉普拉斯（一七四九—一八二七年）的《天體力學》。全書共五卷十六冊，最後一卷出版於一八二五年，集中了自牛頓以來到此為止的全部成果，其中很多關鍵性的問題是拉普拉斯本人完成的。在這一天體力學框架內，奧爾伯（Olbers, 1748-1840）簡化了彗星軌道的計算方法，高斯（一七七七—一八五五年）提出了只要有三次觀測數據就可以確定天體軌道的方法，使一八〇一年一月一日對太陽系第一個小行星的發現，能夠迅速地確定下來。一八四六年根據勒味耶（一八一一—一八七七年）和阿登斯（（Adams, 1819-1892）的計算，蓋勒（J. G. Galle,1812-1910）對海王星的發現，更是天體力學的一曲勝利凱歌。

太陽系起源的探討

除了在天體力學方面的巨大貢獻以外，拉普拉斯還提出了一個太陽系起源的學說，標幟著科學的天體演化學的誕生。他在一七九六年出版的《宇宙體系論》（*Exposition du System du Monde*）的〈附錄〉中提出，太陽和它周圍的行星是由一團巨大的、灼熱的、旋轉著的氣體星雲演化而來的。這團星雲最初大致呈球狀。由於冷卻，星雲逐漸收縮。在收縮的過程中，每當離心力與引力相等時，就有部分物質留下來，形成一個繞中心轉動的環；以後又陸續形成好幾個環。最後，星雲的中心部分凝聚成太陽，各個環凝聚成行星。較大的行星在凝聚過程中同樣能分出一些氣體物質環來形成衛星系統。按照這個說法，離太陽越遠的行星年齡越老。

拉普拉斯的學說發表以後，人們發現四十一年前康德匿名發表的《自然通史和天體論》（*Allgemeine Naturgeschichte und Theoire des Himmels*，一九七二年中譯本，名為《宇宙發展史概論》）中也有類似的觀點，於是該書又再版流傳，並把他們的學說合稱為「康德——拉普拉斯星雲說」。其實，他們相同的只是，都認為太陽和行星是由一個原始星雲形成的。在關於原始星雲的性質，行星聚合過程、行星自轉和公轉形成的方式等方面都有所不同。康德認為，這團原始星雲是由大小不等的固體微粒組成，天體在吸引力最強的地方開始形成，大微粒把小微粒吸引過去形成較大的團塊，而且團塊越來越大。引力最強的中心部分吸引的物質最多，先形成太陽。外面的微粒在太陽的吸引下向中心體下落時與其他微粒碰撞而改變方向，變成繞太陽的圓周運動。這些繞太陽運動的微粒又逐漸形成幾個引力中心，最後凝聚成朝同一方向轉動的行星。衛星形成過程與此類似。

康德和拉普拉斯的學說，以當時的一些觀測事實為基礎，以萬有引力定律和離心力作用為依據，對太陽系起源問題第一次作了科學的說明，其中關於原始星雲、引力收縮、自轉與離心力作用等觀念至今仍在使用，是繼哥白尼之後，天文學的又一次巨大進步。但是，它也有嚴重的缺點，它不能說明太陽系角動量的分布。星雲在演化的過程中角動量應該守恆，質量大的天體應該有較大的角動量；但是太陽質量占太陽系總質量的百分之九九・八，而角動量只占百分之〇・六，這一矛盾使星雲說陷入了困境，到二十世紀初許多學者紛紛從外來事件尋找角動量分布的解釋。一九〇〇年美國張伯倫（**T. C. Chamberlin,1843-1928**）和摩耳頓（**F. R. Moulton,1872-1952**）提出星子說。他們認為，以前有一顆恆星運行到離太陽只有幾百萬公里的地方，在太陽的正面和反面掀起兩股巨潮；這兩股巨潮逐漸匯合，形成一個圍繞太陽的氣盤，然後凝聚成許多固態質點，再凝聚成許多團塊，稱為「星子」，最後聚合成行星和衛星。其後，沿著這一思路，又有許多學說產生，如一九一六年英國金斯（**J. H. Jeans, 1877-1946**）提出的「潮汐說」，認為當這顆恆星接近太陽時，在太陽正面引起的隆起物相當大；它逐漸脫離太陽，形成一雪茄烟形的長條繞太陽旋轉；長條內氣體凝聚，進而集結成各行星。因為雪茄中間部分物質較多，所以木星、土星特別大。

張伯倫、金斯等的學說，統統被稱為災變說。災變說很快被理論計算所否定。從太陽分出的物質容易擴散而不可能凝聚成行星，這是所有災變說的致命弱點。再者，到目前為止，我們雖然還沒有觀測到其他恆星周圍的行星系統，但大量雙星和聚星的存在，使人們意識到，行星系統不是罕見的。美國柯依伯（G. P.Kuiper,1905-1973）甚至估計出，在銀河系內大約有百分之〇・〇一到百分之〇・一的恆星（即一千萬到一億顆）的周圍有行星系統存在，也就是說，太陽系是普遍現象；而根據災變說，太陽系只能在兩顆恆星碰撞或接近時產生，而這樣的機會是非常之少。於是從四十年代起，又回到星雲說，如一九四四年蘇聯施米特（一八九一—一九五六）提出的「俘獲說」和德國魏茨澤克（C. F. Von Weizsäcker,一九一二年生）提出的「漩渦說」，都屬此類。在新的星雲說中，瑞典阿爾文（H. Alfvén，一九〇八年生）於一九四二年提出用「磁偶合機制」來解釋太陽系角動量分布問題。他認為，原始太陽有很強的偶極磁場，其磁力線延伸到周圍的電離雲，並隨太陽轉動。電離質點只能繞磁力線作螺旋運動，並且被磁力線帶著隨太陽轉動，因而從太陽獲得角動量，所以由後者凝聚成的行星具有的角動量遠較前者為大。一九六二年法國天文學家沙茲曼（E. Schatzman）又提出另一種通過磁場作用來轉移角動量的機制，稱為沙茲曼機制。目前形形色色的星雲說有幾十家之多，各按自己的體系發展，還很難說那家最符合實際情況。不過，隨著空間探測手段的進步，觀測資料的大量增加，太陽系物理學迅速發展，目前已能用較嚴格的流體力學來處理由星雲形成太陽和行星的過程，並能考慮到電磁學、熱力學和化學效應的作用，相信在不久的將來能有較大的突破。

恆星本質的認識

當天體力學正在歡慶勝利的時候，天文學領域又是一支異軍突起，向唯心主義的不可知論展開了猛烈的衝擊。一八三九年唯心主義哲學家孔德（A. Comte）在他的《實證哲學》第二卷中說：

> 我們可以測定天體的形狀、遠近、大小和運動，但是不可能有任何方法研究它們的化學成分、礦物結構，以及它們表面的有機生命現象。……而關於恆星的表面溫度，則

> 將永遠無法知道。

這位哲學家的悲觀論調，至今已被科學的發展全盤否定，而否定速度之快，尤其驚人。一八五九年十月二十七日基霍夫（Kirchhof, 1824-1887）向普魯士科學院提交了對太陽光譜中暗線的解釋，宣告了天體物理學的誕生。同年十一月十三日他的合作者本生（R. W. Bunsen, 1811-1899）在寫給羅斯科（H. E. Roscoe, 1833-1915）的信中說：

> 現在我正在和基霍夫一起全力進行一項實驗，它使我興奮得夜不能眠。……道路已經暢通無阻，我們可以像用普通試劑檢測氯化鍶等那樣，有把握地確定太陽和恆星的化學成分②。

---

②見H. E. Roscoe, *The Life and Experienc of Sir H. E. Roscoe*, p. 81, London, 1906，轉引自歐文・金格里奇：〈十六世紀至二十世紀天文學理論與實踐的發展〉，《科學史譯叢》一九八三年四期，頁六二—七三，原刊於*Vistas in Astronomy*, Vol.20, 1976.

後來的發展是，從光譜分析，不但能夠知道太陽和恆星的化學成分，還能知道它們的溫度、壓力、視向速度、電磁過程和輻射轉移過程等，更重要的是一九〇五—一九〇七年之間丹麥赫茨普龍（E. Hertzsprung, 1873-1967）發現了恆星光度與光譜型之間的關係。兩年之後美國羅素（H. Russel, 1877-1957）提出了相同的、但更為廣泛的，現被人們所熟知的赫羅圖。圖中有由矮星組成的主星序，這包括了恆星的絕大多數，另外還有紅巨星序。羅素首先用演化的觀點解釋這個圖形，認為恆星的一生是從紅巨星開始，到中年的A型星，最後成為紅矮星。

一九一八年前後，英國愛丁頓（A. S. Eddington, 1882-1944）承擔了造父變星脈動的理論研究，一九二六年他將自己的研究成果匯編為《恆星內部結構》一書，這是對恆星物理性質畫時代的分析。其中最重要的一個成果是：在恆星的種種物理參數中，質量是最重要的一個。這一參數的量的變化，會引起其他性質質的變化。例如，恆星的質量越大，光度越大；光度越大的星，其演化速度就越快。這裡就向人們提出了一個問題：百分之九十的恆星都集中在主星序上，主星序意味著什麼？是演化序列呢？還是許多恆星平衡點的所在？為了弄清這個問題，就要探討恆星的能源。

令人驚奇的是，愛丁頓於一九二〇年就在《自然》雜誌上預言到：

如果恆星質量的百分之五從一開始就由氫原子組成，它們漸漸地結合成更複雜的元素，釋放出的總能量就會超過我們的所需，我們也就不必再去尋找恆星的其他能源了。……如果恆星中這種原子果真可以大量地供給其光和熱，我們似乎也可以早日實現自己的夢想：掌握這種潛在的能源，用之於人類的幸福——或人類的毀滅③。

其後的研究表明，氫是恆星的主要成分，氦其次，四個氫原子核合成氦原子核的過程是恆星的能源所在。但這只適用於主星序，主星序可以依靠這個能源維持很長的時間。這表明主星序確實是許多平衡點的所在。因此蘇聯阿姆巴楚米揚於一九四七年提出：恆星成群產生，從主星序的各個點上進入主星序，進入主星序以後再從左向右演化。現在人們還在追踪恆星在赫羅圖上的演化路線，但其形式的複雜是羅素所夢想不到的。由於高能天體物理學和空間探

③愛丁頓：〈恆星的內部結構〉，中譯見宣煥燐選編：《天文學名著選譯》，頁三三五；三五六，北京：知識出版社，一九八九年。

測手段的進化，人們已把光學手段看不見的黑洞、X射線源、γ射線源等排到演化日程上來了，人類對恆星世界的認識正在不斷地前進中。

銀河系結構的探索

如上所述，應用物理學的規律，觀測、實驗和理論三方面相結合，研究各類天體的化學組成、物理狀態和內部結構，以及演化途徑的天體物理學，一百三十年來發展很快，成果累累。但是，如果沒有天文學的另一分支——恆星天文學的配合，我們關於宇宙的知識將會缺掉一半。恆星天文學的任務是利用統計的方法來研究恆星、恆星集團和星際物質的分布和運動；並且這種辦法也可以推廣到星系的研究上。這門學科的奠基人是威廉·赫歇耳（**F. William Herschel, 1738-1822**）和他的兒子約翰·赫歇耳（**John F. Herschel, 1792-1871**）。一直到哥白尼時代，除了中國的宣夜說以外，人們都認為，所有恆星跟地球的距離是相等的。一六〇九年伽利略用望遠鏡觀測到銀河由許多恆星組成，這才使人們猜想，恆星天幕可能不是一幅平面背景，滿天星斗也許是個立體列陣，銀河可能是有結構的。一七五〇年賴特（**T. Wright,**

1711-1786）提出銀河的形狀可能像個磨盤，我們的太陽系就處在這個盤狀之內，夜晚所看到的星空只是它的一部分。一七五五年德國哲學家康德（I. Kant, 1724-1804）進一步提出了「島宇宙」的概念，認為銀河系之外還有銀河系，它們好像一個個的島嶼一樣，分布在宇宙空間之中。一七六一年德國天文學家朗伯特（J. H. Lambert, 1728-1777）更提出了一個無限階梯式的宇宙模型，認為太陽及其周圍的行星是第一級；太陽和其他恆星的總和形成第二級（銀河系）；眾多的銀河系又組成第三級；第四級、第五級……，由此類推，以至無窮。但是這些人的見解都是一些直覺猜想，只有威廉・赫歇耳才開始用科學的方法來解決這一問題。

首先，他通過分析恆星的自行，發現了太陽在空間的運動，並且定出運動的速度和向點。這是人類認識史上的一次螺旋式上升：先是日動地靜，後是日靜地動，現在是：地動，日也動，恆星也動，宇宙間沒有不動的東西。恆星的自行是恆星運動和太陽運動的綜合結果，在扣除了太陽的運動以後，自行所反映的才是恆星的真正運動（本動）。赫歇耳的思路是：如果太陽在運動，那麼處在太陽運動前方的星就會散開，而背離方向的星則會相互靠攏，這就像我們在馬路上開車，前方的樹木在散開，後面的樹木在合攏。根據這一設想，赫歇耳雖然只分析了七顆星的自行，但所得結果相當正確，他確定的向點和今天的結果相差不到十度。

其次，他用自己親手製造的大型望遠鏡，觀測了一〇八三個天區，統計了一一七、六〇〇顆星。他的兒子又把這項工作擴充到南半球，去那裡觀測了二二九九個天區，統計了約七十萬顆星。通過這些觀測和統計，他們發現銀河確如賴特所預言的像個磨盤：眾星密集在銀河平面上，離銀河平面愈遠，星愈少。他們以觀測事實為依據，第一次繪出了銀河系的結構圖。雖然這個圖和今天的結果相差很遠。例如，赫歇耳認為太陽在銀河系的中心；現在知道太陽離中心有三萬光年之遠，而銀河系的半徑才四萬多光年。但是，赫歇耳父子是在恆星距離還不知道的情況下從事這項工作的，其毅力和為自己的觀點提供證據的方案，都同樣令人欽佩。他們的出發點是：恆星在空間均勻分布和它們的發光本領都一樣，也就是說越亮的星越近。現在知道這兩條假設都不對，但當時沒有這兩條假設就繞不開距離這一關，就無法工作。一八三八年才由白塞耳等三人分別測出了三顆星的距離，一直到十九世紀末總共才測出三百多顆星的距離。憑這麼一點數據根本無法研究銀河系的結構，由此可見理論思維的重要性了。

河外星系的開拓

赫歇耳的貢獻不僅僅局限於對恆星和銀河系的了解，還把範圍擴充到天空裡一些位置固定而形狀模糊的天體上。一七八四年法國天文學家梅西耶（C. Messier, 1730-1817）曾把一〇三個這樣的天體編製成表，以免和彗星混淆。威廉・赫歇耳將這類天體的數目增加到二五〇〇個。起初他認為這些就是康德所說的宇宙島，但後來又改變了主意，原因是他發現了其中有的是行星狀星雲。這種星雲中央是一顆恆星，周圍有一個發光的瀰漫物質環。現在我們知道，這種模糊的天體事實上分為兩大類：一類是處在銀河系之內的星雲和星團，一類是處在銀河系之外的河外星系。但是要把這個事實分辨清楚，在赫歇耳之後幾乎又用了一百年時間。真正的突破是一九一二年哈佛天文臺的勒維特（H. S. Leavitt, 1868-1921）在南天的小麥哲倫星雲中發現了許多造父變星，並且發現它們的亮度越大，光變周期越長。因為麥哲倫星雲離我們很遠，同一麥哲倫星雲中的造父變星，可以認為和我們的距離都相等，這樣它們的亮度不同，也就代表著發光本領（光度）不同，於是光變周期和光度之間就有了固定關係。只要我們有辦法就近測出一顆造父變星的距離，就可以用周光關係測定其他造父變星的距離。任何天體系統不管它遠處天之涯，只要其中有造父變星，就可定出它的距離。有了這把量天尺，天文學中最難的測定距離的問題就容易得多了。一九一三年赫茨普龍立即完成這一工作，定出了周光關係，並用它測出了小麥哲倫星雲的距離，成為最早確認的河外星系。一九一九年第一次世界大戰結束，哈勃（E. P. Hubble, 1889-1953）由軍中退伍，回到威爾遜山天文臺工作以後，用當時世界最大的二・五公尺反射望遠鏡，把仙女座大星雲的漩渦結構分辨為恆星，並且在這個星雲內發現了許多造父變星。利用這些造父變星的周光關係，定出其距離為八十萬光年（現知為二百二十萬光年）。遠在銀河系之外，而且其體積比銀河系還大。一九二四年底他在美國天文學會宣布這一結果時，與會天文學家一致認為，島宇宙說取得了勝利，人類關於宇宙的認識翻開了新的一頁。

接著，哈勃又把他的注意力轉移到漩渦星雲譜線的紅移問題上。在他之前，一九一二年以來，斯里弗（V. M. Slipher, 1875-1969）已逐漸發現許多漩渦星雲的光譜是恆星的集合光譜，但是其中的譜線比起一般恆星的來，有系統性的向紅端移動。在此基礎上，哈勃又加上自己測定的距離資料，於一九二九年得出紅移和距離的關係：河外星系離我們的距離越遠，它的光譜線的紅移量越大。如果紅移是由於多普勒效應引起的，則紅移和距離的關係就意味著越遠的星系以越快的速度退行，各個星系之間的距離在增加，我們所在的宇宙是一個膨脹的宇宙。

但是，紅移不一定是由多普勒效應引起的，哈勃的同事茲威基（F. Zwicky, 1899-1974）立刻就提出另一種解釋，認為紅移是由於光線和星系際物質之間的作用而引起的。這種作用使遠來的光量子能量減低，波長向紅端位移；因而也是距離越遠，紅移量越大。為了判斷紅移究竟是由哪種機制引起的，哈勃聯合哈馬遜（M. L. Humason,1891-1972）觀測了更多的星系，測出它們的視星等，並統計它們的數目。因為許多星系中沒有發現造父變星，它們的距離無法測定，哈勃只得沿著赫歇耳的思路，假定全部星系有同樣的大小和同樣的發光本領。這樣，如果星系在空間上的分布是均勻的，在極限星等和計數之間就應該有一線性關係，否則這個關係就不能成立。如果紅移是由多普勒效應引起的，遠處的星系密度應該小於近處的；如果紅移是由於光線和星系際物質作用的結果，星系的密度應該到處一樣。由於哈勃當時所掌握的數據太少，他無法作出判斷，但這種方法至今仍在應用，並且推廣到星系團、射電源、類星體的計數上，仍是當代觀測宇宙學的一項基本工作，而哈勃的《星系世界》（一九三六年）成了這一領域的奠基著作。

相對論的宇宙模型

星系光譜線的紅移，無論是由於星系退行，還是由於光能量衰減，都可以得到相對論的承認。如果是前者，則是一個服從相對論引力定律的膨脹宇宙；如果是後者，則是一個靜態宇宙，而後者還首先是由愛因斯坦（A. Einstein, 1879-1955）本人提出來的。愛因斯坦在完成他的廣義相對論以後，立即把它應用於宇宙學問題，於一九一七年發表〈根據廣義相對論對宇宙學的考察〉一文，指出無限宇宙和牛頓力學之間存在著難以克服的矛盾，要嘛修改牛頓理論，要嘛修改空間觀念，要嘛二者都加以修改。他放棄了傳統的宇宙空間三維歐幾里得幾何無限性的概念，把空間和時間聯繫起來，並做了兩條假設（物質均勻分布和各向同性），從而建立了一個靜態的、有限無邊的動力學宇宙模型。

與愛因斯坦同年（一九一七年），荷蘭天文學家德西特（de Sitter, 1872-1934）也用廣義相對論研究宇宙學問題，得出了一個物質平均密度趨近於零的靜態宇宙模型。這兩個模型被人們研究、討論了十多年，當星系譜線的紅移和距離關係發現以後，就成了問題。德西特模型雖然可以用別的辦法來解釋這一現象，但一個沒有物質的宇宙總難令人相信。愛因斯坦於一九三〇年公開宣稱放棄他的宇宙常數項後，在英國皇家天文學會演講時，愛丁頓在歡迎詞中說：「為什麼愛因斯坦方程只有兩個解，而沒有第三個解以適應於哈勃的最新發現呢？」曾經做過愛丁頓學生的勒梅特（G. Lemaitre,1894-1966）從刊物上看到這段話後，立即寫信給愛丁頓，說他已經找到了第三個解，文章發表在比利時的刊物上，這就是他的原始原子說。他找到愛因斯坦方程可以有幾個時間函數解（time-depend solutions）以適應膨脹的宇宙。他挑選了一個最合適的模型：宇宙先是個原始原子，經過大爆炸以後，成為膨脹的宇宙，再變成愛因斯坦靜態宇宙，最後成為德西特沒有物質的宇宙。

其實在勒梅特以前，蘇聯弗里得曼（A. A. Friedmann,1888-1925）已於一九二二年發現了具有時間函數解的宇宙模型。他發現愛因斯坦在建立靜態宇宙模型時有一個數學錯誤，指出愛因斯坦解和德西特解只是愛因斯坦方程更為普遍情況下的兩個特殊解。他把愛因斯坦方程中的宇宙常數項取消以後，得出宇宙既可以是開放的，也可以是封閉的，這要看物質的平均密度而定。平均密度和臨界密度之比若小於一，則空間曲率$k=-1$，對應於一個雙曲型的開放宇宙；若等於一，則$k=0$，對應於一個平直的開放宇宙；若大於一，則$k=+1$，對應於一個沒有邊界，但體積有限的閉合宇宙。在前兩種情況下，宇宙要一直膨脹下去；在後一種情況下，膨脹到一定程度就又收縮。從理論上算出，臨界密度應為4.7×10^{-30}克／立方公分。觀測宇宙學的任務就是要確定平均密度和臨界密度之比，目前所得結果相差很懸殊，在〇．一到二之間；不過多數人認為接近於一，宇宙空間是平直的，歐幾里得幾何仍然適用。

一九六五年微波背景輻射發現以後，宇宙學的更大興趣則集中在一八〇億年以前，大爆炸發生的10^{-43}秒之後到三分鐘之間的演化過程。10^{-43}秒之前，相對論和現有一切物理規律都不能適用，有人想用時空量子化來解決這一問題，但成果很少。屈原的「上下未形，何由考之？」仍然沒有答案。從10^{-43}秒到三分鐘之間可用溫度隨時間降低的一個序列來區別出幾個階段來，見第六講，表二。到三分鐘時，溫度降到絕對溫度10^9度，第一個穩定的原子核出現。這一極早期的宇宙演化學和粒子物理學、大統一理論、超對稱理論密切相關，理論、實驗、觀測互相影響，是當代物理學的一個前沿，仍在不斷發展中。

簡短的結論

宇宙是無限的，人類認識宇宙的能力也是無限的；但是人類認識宇宙的範圍在一定的歷史時期是有限的，而且常常把自己所認識的這個範圍當作總宇宙來討論。哥白尼的宇宙即太陽系，赫歇耳的宇宙即銀河系，我們今天的宇宙即總星系。我們相信，後之視今，猶今之視昔，在總星系的外面，還有別的物質世界有待未來去發現。在今天所認識的宇宙範圍內，從思想史的角度能得到的幾點結論可能是：

㈠人類自我中心說一步步被否定，在現代宇宙學中人類所住的地球、太陽系和銀河系，不占有任何特殊地位；但人畢竟是認識宇宙的主體，研究宇宙間的一切演化過程時也必須把人的能夠出現和存在考慮在內。例如，生命需要碳，碳生成於恆星內部，恆星中的碳必須通過超新星爆發才能彌散於空間去參預行星的形成，而超新星的爆發又必須在恆星演化的晚期才能發生，上述歷程約需一百億年。因此任何宇宙演化的學說如果得到的年齡在一百億年以下，就是不正確的，這又成了判斷研究結果正確與否的一個條件。

㈡亞里斯多德的天、地兩界說遭到了徹底的否定，牛頓的萬有引力定律把它們統一起來了；但是天體上確有不同於地球上的物理狀態：星際空間中每立方公分不到一個原子的高真空，中子星內部每立方公分包含著十億噸物質的高密度，脈衝星表面上強達一億高斯的強磁場，一些星系和星系核拋射物質的高速度——接近於光速，有的看來甚至大於光速，……宇宙空間中這些現象的存在，為物理學提供了在地面沒有、並且無法模擬的實驗，為人類對自然的認識不斷地提供條件。

㈢大到河外星系，小到星際原子，宇宙間的所有物質都在不斷地運動和變化，而且有些變化不是緩慢地量變引起質變，而是爆發性的突變，如超新星、星系核、類星體、射電雙子源（星系）的猛烈爆發，都是驚心動魄，更不用說總星系初生時的大爆炸了。

㈣宇宙間的任何天體或天體系統，在空間上和時間上都是有限的，都有其起源、演化和衰亡的過程。在僵化的自然觀上打開第一個缺口的康德星雲說，實際上是探討太陽系的起源問題；赫羅圖的出現為探討恆星的起源和演化開闢了道路；大爆炸宇宙學則在探討總星系、基本粒子和元素的起源。目前以對恆星的起源和演化認識得較為充分。

㈤有無地外文明問題，也是一個懸而未決的問題。目前在討論這個問題的時候有一個假設，即平庸原理。利用平庸原理，有人計算出既有興趣、又有能力進行星際通訊的先進文明數在銀河系內就有一百萬個，平均每二十五萬顆星中，就有一顆星的周圍的行星上有高度文明存在，他們有的可能比我們更先進。但是，六十年代以來，美、蘇、英、德等國利用世界上最大的一些射電望遠鏡監測地外文明所發的微波訊號，一直未取得結果。問題在於，我們還無法知道這些地外文明在何處、在什麼時候和以什麼方式向太空發射訊號，目前只是盲目的等待；也許我們的儀器還不夠強大，接收不到這些訊號。這個問題到下一個世紀也許能有一些答案。

清華文史講座
科學史八講

·A12020-05·
83.08.1552

中華民國八十三年 八月初版
定價：新臺幣180元

著 者 席 澤 宗
發行人 劉 國 瑞

出 版 者 聯經出版事業公司
臺北市忠孝東路四段555號
電 話：3620137·7627429
郵撥電話：6 4 1 8 6 6 2
郵政劃撥帳戶第0100559-3號
印刷者 世和印製企業有限公司

行政院新局局出版事業登記證局版臺業字第0130號

ISBN 957-08-1241-9(平裝)

國立中央圖書館出版品預行編目資料

科學史八講 / 席澤宗著. --初版. --臺北市:
聯經, 民83
面; 公分. --(清華文史講座)
ISBN 957-08-1241-9(平裝)

I.科學-中國-歷史

309.2 83006629